原発の町から普通の町に

ドイツはなぜ、脱原発できたのか？

ふくもと まさお 著

『原発の町から普通の町に　ドイツはなぜ、脱原発できたのか?』●目次

第3章　これからの課題…47

0 ドイツの実証炉と商用炉の位置

※最終的に停止したが、廃炉許可が出ていても
まだ廃炉作業が開始されていない

第1章　政治的プロセス

1　ドイツはフクシマ原発事故で、脱原発を決めたわけではない

ドイツでは2023年4月15日、稼働していた残りの原発3基が最終的に停止された。それをもって、すべての商用炉が止まる。廃炉と最終処分の問題が残るとはいえ、脱原発が現実のものとなる。

2011年3月、東京電力福島第一原子力発電所で事故が起こる。原発事故をきっかけに、ドイツは脱原発を決める。そう思っている人も多いと思う。しかし実際には、そうではない。ドイツ政府は2000年、電力業界と脱原発することで合意していた。2002年原子力法が改正され、脱原発の筋道が法的に規定される（脱原子力法）。法律にしたがうと、2022年頃までにすべての商用炉が最終的に停止される。ここで脱原発の時期を「2022年頃」としたのは、原発の最終停止時期が法的に規定されたわけではないからだ。原発の原子炉ごとに、後どれだけ発電していいのか。残発電電力量が脱原子力法（正式名称は「電気の商用発電のために原子力を利用することを秩序正しく終えるための法律」）によって規定される。いつ停止するのか。具体的な時期は、原発を運転する電力会社の判断に委ねられる。

最終停止されるのが「2022年頃」になるといえるのは、残発電電力量が原発の稼働期間

福島第一原発事故後の 2011 年 3 月 26 日、ベルリンで行われた反原発デモ
この日ドイツ全体で、25 万人がデモに参加する

を32年として算出されたからだ。ドイツで商用炉が一番最後に商用運転をはじめたのは、1989年4月。それに32年を足すと、遅くとも2022年末までにはすべての原発が止まることになる。

福島第一原発で事故（以下、フクシマ原発事故）が起こると、ドイツでは2011年3月26日、各地で大規模な反原発デモが行われる。全国で25万人の市民が集まる。その時の反原発デモは、ドイツの反原発史上最大だったといわれる。

メルケル首相は2010年秋、2002年の脱原子力法にしたがう脱原発時期を原子炉ごとに8年ないし14年延期する。メルケル首相がフクシマ原発事故後に決断したとされる2011年の脱原発は延期を撤回し、脱原発の最終期限を2022年に戻したにすぎない。この事実は、報道機関も知っている。それでもドイツの脱原発は、フクシマ原発事故と結びつけられる。そのほうが簡単に説明でき、一般的にも理解してもらいやすい。

日本ではよく、ドイツは倫理から原発を止めたともいわれる。それも誤解だ。メルケル首相は確かに、脱原発時期を元に戻す時、倫理委員会を設置する。しかし倫理委員会において、原子力発電の倫理問題が審議されたわけではない。倫理委員会の目的は、何だったのか。

ぼくは倫理委員会がはじまる直前の2011年3月末、倫理委員会のクラウス・トェプファー共同委員長に記者会見で質問する。トェプファーは元ドイツ環境大臣。その後、国連環境計画（UNEP）の事務局長を務める。ドイツをリサイクル社会にした立役者だ。

ぼくは、「3か月の短い期間で、脱原発を決めることなどできるのか」と聞いた。共同委員長は、脱原発はもう決まっているという口ぶりで応える。脱原発を進めると失業者が増え、社会問題となる。失業をどう解決すべきか。原子力の代わりに再生可能エネルギー（以下、再エネと略しているところもある）を促進するには、送電網などインフラを整備しなければならない。それは市民にとって、かなりの負担増となる。社会は、負担を受け入れることができるのか。

倫理委員会では、脱原発によって直面する実際の問題について議論される。社会に影響を与える問題を考えると、脱原発と再エネへの転換を図ることに対し、社会的なコンセンサスを得る必要がある。そのために、社会にメッセージを発信する。

脱原発と脱炭素化、再エネへの転換を実現するには、経済・社会構造の改革や価値観の改革、生活スタイルの改革など、社会は変わらなければならない。それには時間がかかる。それに伴う問題を社会にどう説明し、解決するのか。しかし倫理委員会は、そこまで深くは審議しない。市民に対し、変化も要求しない。ドイツは脱原発する。再エネへ転換する。倫理委員会は社会のコンセンサスとして、これからドイツの進むべき方向を提示する。それが、倫理委員会の目的だった。

メルケル首相はすでに述べたが、脱原発においてぶれた。その結果、ドイツ政府と原発立地州の一部は原発を有する電力会社に損害を賠償しなければならなくなる。メルケル政権の混乱に対し、ドイツ憲法裁判所が電力会社に損害賠償請求権を認めたからだ。損害賠償額は最低でも、10億ユーロ（当時の為替レートで約1200億円に相当）に及ぶ。この事実も、あまり知られていない。

メルケル首相は確かに、脱原発を決断したといえる。しかしそれでは、一つの疑問が頭から離れない。「ドイツではなぜ、脱原発が可能だったのか」。フクシマ原発事故後のドイツのプロセスだけを見ると、原発事故によって脱原発を決断したとしか思えない。しかし原発事故という一つの大きなインパクトだけによって、脱原発が決まるわけではない。過去を振り返ると、ドイツの脱原発はその前から、いくつもの要因が重なって結実している。

以下では過去のプロセスから、ドイツで脱原発が可能となったポイントを検証してみたい。ドイツの体験からして、日本でも脱原発は可能なのか。そのためにはどうするべきなのか。日本の参考になるものが、何か浮かんでくればいいと思う。

本書では、「原発」を原子力発電所ないし原子炉の意味で使っている。原子力発電ではないので注意されたい。原発ではなく、原子炉としたいところもある。ただ日本では、多くの場合「原発」が一般的に使われる。原子炉では、わかりにくくなる心配もある。「原子炉」ということばは、どうしてもそのほうがいい場合以外は避けることにする。掲載した写真はすべて、筆者が撮影した。

2　ドイツの脱原発の芽はどこにあったのか

いつだったろうか。2011年3月のフクシマ原発事故の後であったのは間違いない。ヴッパータール気候環境エネルギー研究所の元所長ペーター・ヘンニッケ教授と、連邦議会内で開催されたシンポジウムにおいて立ち話をする。ぼくは「ドイツの脱原発の大きなきっかけになったのは、やはり1986年4月に起こったチェルノブイリ原発事故ですよね」と、話かける。しかし教授は、そうではないと否定する。

ドイツでは、チェルノブイリ原発事故前に原子力発電の限界が認識されていた。脱原発について検討し、脱原発が可能であるとの見通しをすでに持っていたと、教授は主張する。教授が誇らしげな顔をしているのが、印象的だ。当時それを認識していた一人が、ヘンニッケ自身だった。教授は1985年、『エネルギー転換は可能』（S・フィッシャー出版刊）という本を出版している。

その他に脱原発を念頭においた本としてたとえば、クラウスミヒァエル・マイアーアビヒとベルトラム・シェフォルト共著『ぼくたちは将来、どう生きよう？　エネルギーシステムの社会適合性』（1981年）、『核経済の限界』（1986年1月）（いずれもC・H・ベック刊）を挙げることができる。マイアーアビヒは物理学者であり、自然哲学者。ヘンニッケとシェフォルトは経済学者だ。チェルノブイリ原発事故前にすでに、原子力発電の限界を見抜き、代替となるものの可能性を提示する学者がいたことになる。

『核経済の限界』のまえがきにおいて、物理学者で、第2次世界大戦中ドイツの原子爆弾開発にも係ったカールフリードリヒ・フォンヴァイツゼッカーが回想している。「もし人類が核エネルギーを不注意に、軽率に取り扱うのを想像できていたら、核エネルギーのために尽力しなかった」。「太陽エネルギーが原子力の代替エネルギーだ」とも、断定する。

当時ドイツ西部アーヘンに暮らすヴォルフ・フォンファーベックが偶然、このフォンヴァイツゼッカーのことばを見つける。フォンファーベックは太陽エネルギーに熱狂する。１９８６年、有志とともに「太陽エネルギー振興協会」を設立。１９８９年、アーヘンモデルといわれる再エネで発電された電気を決まった価格で買い取る固定価格買取制度（ＦＩＴ）の原型を立案する。現在世界中で適用されているＦＩＴ制度の生みの親だ。

ドイツは、脱原発への道を歩みはじめる。フォンファーベックらは脱原発ばかりでなく、石炭火力発電から撤退する脱炭素化もすでに念頭においていた。

３　チェルノブイリ原発事故の影響

１９８０年代前半に脱原発が可能であると結論しただけでは、不十分だった。ドイツの脱原発に大きなインパクトを与えたのは、１９８６年に起こるチェルノブイリ原発事故だ。チェルノブイリ原発事故後、ドイツ（正確には、旧西ドイツ）南部を中心に放射性物質を含む黒い雲が飛来する。

牛乳や野菜などの食料品が放射能で汚染される。政府が公表する食料品の汚染データは、信用できない。食料品が汚染されているかどうかを測定する市民測定所が、ドイツ各地に誕生する。小さなこどもを抱える家族の中には、パニック状態になる親もいた。ドイツを離れて国外に避難する。原発事故後ドイツ南部のバイエルン州だけで、先天性心臓疾患や水頭症など約3万件の先天性異常（奇形）が記録されている。実態は、バイエルン州州議会でも報告される。チェルノブイリ原発事故後原発に対し、一般市民の間にたいへん大きな不安が広がる。当時建設中だった原発は完成し、運転を開始する。しかしそれ以降、民意の不安に反して原発を新設するのは不可能となる。この現実は、あまり注目されていない。しかしドイツの脱原発において、重要な要因の一つだった。

ドイツの原発は、国内原子力産業によって建設されてきた。しかし国内ではもう、新設は不可能。国内で受注できるのは、既存原発のメンテナンスと核燃料（正確には燃料集合体）の製造くらい。受注額が激減する。ドイツの原子力産業は存続の危機にさらされる。

ドイツの原子力産業は当時、ジーメンス社の下に統合されていた。1990年代はじめからフランスのフラマトム社とともに、第3世代（正確には第3世代プラス）の原発「欧州加圧水型炉（EPR）」を共同開発する。しかしドイツ政府は2000年、電力業界と脱原発することで合意。ドイツに、原子力発電の将来はない。ジーメンス社は2001年、原子力部門をフラマトム社と合併させる。少数株主として残るものの事実上、原子力事業から撤退する。

フラマトム社（旧）はその後、アレヴァNP（Nuclear Power）社として仏アレヴァ社の傘下に入る。しかし親会社アレヴァの経営が破綻。アレヴァNP社はフランス電力（EDF）社に売却され、再びフラマトム社（新）となる。

4　ドイツは原子力産業を救済しようとした

1986年のチェルノブイリ原発事故を機に、旧西ドイツの原子力産業はほぼ消滅したといってもいい。現在ドイツに残る原子力産業は、ドイツ北西部グローナウにあるウラン濃縮工場と、同じくドイツ北西部リンゲンにある燃料集合体製造工場だけ。前者は英国ウレンコ社、後者は仏プラマトム社（新）に属する。

ドイツの原子力産業は1960年代末まで、AEW社が米国ゼネラル・エレクトリック社（沸騰水型炉）と、ジーメンス社が米国ウェスティングハウス社（加圧水型炉）とライセンス契約を結び、国内で原発の建設を受注してきた。AEW社とジーメンス社の発電部門はその後、「発電所連合（KWU）」に統合される。KWUはジーメンス社傘下で原子力発電ばかりでなく、発電用のタービンや制御技術などによってジーメンス社の総合発電ビジネスの看板部門となる。KWUは1980年代、国内で原発を何基も建設。景気がたいへんいい状態だった。しかしすでに述べたように、チェルノブイリ原発事故で事態が急変。存続の危機に直面する。

この状況は、原発を運転する大手電力会社にとっても悩みの種だった。国内原子力産業を救済するのか。あるいは、脱原発の可能性を探るのか。政府と経済界は考えなければならなくなる。政府は超党派で、将来のエネルギー政策について経済界と政治的に合意するため、1993年からエネルギー・コンセンサス会議をはじめる。

当時ドイツでは、国政野党中道左派の社民党と緑の党は原発に反対する立場。それに対して国政与党中道右派のキリスト教民主・社会同盟と自民党、経済界は、新しい原発は国内に必要ないが、国内での原発新設をオプションとして残しておくべきだとの考えだった。さもないと、ドイツの原子力産業は原子力技術の輸出において国外で不利になる。

ドイツ政府は当時、中道右派のコール政権。チェルノブイリ原発事故後に募る原発の安全性に対する社会の不安を緩和するため、1994年に原子力法を改正する。原発を新設する場合、炉心溶融などのシビアアクシデント（重大事故）が起こっても原発周辺に被害が広がらないように、設計段階で防護措置を講じることを規定する。この条件を満たすのは当時、独仏で共同開発中の欧州型加圧水型炉（EPR）だけだった。法改正は、安全規制を強化したように見える。しかし実際には、ドイツでEPRを設置するためのお膳立てだった。

EPRの基本設計が終了すると、ドイツ政府は原子力法を再び改正する。原発を建設する場合、立地場所において建設許認可手続きが行われる。しかしEPRについては型式承認を認め、政府当局によって安全性が一度審査されれば、立地場所で審査しなくてもいいとする。既存の原発に対しては、改造する場合、その時の最新の知見と技術に準じることを義務付けるバックフィット制度を免除。建設時の古い知見と技術を利用して改造してもいいとする。既存原発の安全規制を実質的に緩和する。

2つの規制緩和は、1998年に行われる。原発の安全規制にとり、とても重大な法改正だった。しかし国内では、その重大性がほとんど知らされない。議論もされなかった。

連邦制のドイツでは、地方分権化が進んでいる。原発に関連する法規の執行と監督は、原発立地州に委ねられる。州には、原発推進の中道右派政権があり、原発に批判的な中道左派政権もある。政権交代も起こる。反原発の立場をとる社民党と緑の党が政権を握ると、原発の新設はまず不可能だ。小さな事故でも原発が長期に停止される。一時停止と再稼働が何回も繰り返される。たとえばビブリース原発やブルンスビュッテル原発、ブロックドルフ原発などが、政治的妨害やトラブルに巻き込まれる。

前述した2つの安全規制の緩和は、後にドイツ首相となるメルケル環境大臣の下で行われる。州政府に左右されず、国主導で原発と原子力産業を救済、支援するための苦肉の策だった。

ドイツなど国内に原子力産業のある国では、原発を運転する電力会社と原子力産業は一心同体のようなもの。どちらかが転けると、片方も転けてしまう危険が付きまとう。原発を新設できなくなるのは、原子力産業にはたいへん大きな痛手だ。そればかりか、電力会社にとっても深刻な問題となる。国内の原子力産業が機能しないと、既存の原発さえもメンテナンスできず、維持できない。原発事故後も政治と経済が原発推進に傾くのは、既存原発を維持するのに、原子力産業が必要不可欠だからだともいえる。原子力産業が安泰であれば、既存の産業構造も維持される。

チェルノブイリ原発事故から10年経ち、ドイツは国内の原子力産業を救済する必要性に迫られる。その直後、国政において社民党と緑の党による中道左派政権が誕生する。この時政権交代がないと、ドイツは原子力産業を放棄して脱原発に進めなかったと思う。チェルノブイリ原発事故から政権交代まで、12年半が経過していた。

日本では、フクシマ原発事故から10年以上が過ぎた。発電容量を維持、拡大する資金を集めるため、容量市場が導入される。原発など大型発電所を基盤とする既存の電力システムを維持する枠組みができあがる。脱炭素化の名目で、原発の運転期間延長と原発の利用を促進する法律などを含む束ね法（GX（グリーントランスフォーメーション）関連法）も制定される。エネルギー政策に係る法律だが、間接的に国内の原子力産業も支援する。

ドイツの経緯を振り返ると、原発事故→原子力産業救済→政権交代→脱原発と続くのがわかる。日本では、原発事故→原子力産業救済まできた。さて日本はこれから、どの方向に進むのか。今のところドイツで起こったように、政権交代から脱原発に転換する芽は見えない。

5　ドイツ政府が電力業界と脱原発で合意

メルケル環境大臣は１９９８年、とんでもない原子力安全規制の緩和を行う。数か月後の１９９８年9月、ドイツで連邦議会（下院）選挙が行われる。その結果、社民党と緑の党が両党で過半数を獲得。16年間続いた中道右派コール政権に終止符が打たれる。社民党と緑の党の中道左派政権が成立するとすぐに、将来のエネルギー政策について政府と経済界が協議するエネルギー・コンセンサス会議が再開される。新政府は、電力業界と脱原発について交渉をはじめる。しかし、話し合いは難航する。社民党のシュレーダー首相自らが乗り出し、直接電力業界と折衝。２０００年6月にようやく、脱原発で合意する。

まず、合意内容の重要なポイントを列挙しておこう。その基盤となる背景については、後で詳しく説明したい。２０００年6月に政府と原発を有する電力会社の間で合意された脱原発の内容は、以下の通りだ。

+原子力法に、ドイツが脱原発することを明記する
+原発の新設を禁止する
+商用運転開始後32年の稼働期間を基準にして、原発の原子炉ごとに残された発電電力量を規定する。残発電電力量を発電し尽くしたところで原子炉を停止する（正確な脱原発の時期は規定されなかった）
+残発電電力量は、原子炉間と発電事業者間で譲渡することを認める。ただし譲渡は、古い原子炉から新しい原子炉を原則とし、その逆は認めない
+前政権による安全性の規制緩和をすべて撤回する
+それまで自主的に実施されていた定期的な安全性評価と確率論的安全性評価を10年周期で実施し、その結果を報告することを義務付ける
+使用済み核燃料の再処理を２００５年７月から行わない（有効な契約期間満了後、契約を更新しないということ）
+放射性廃棄物の中間貯蔵を中央施設で行なってきたが、原発サイト内に乾式中間貯蔵施設を設置し、原発ごとに分散して中間貯蔵を行う
+事故損害賠償保険の最高限度額を10倍に引き上げる
+原子力に係る研究開発は、安全と廃炉、最終処分を目的とするものに限定する

これに基づき原子力法が改正され、脱原発法が２００２年４月に施行する。ドイツの脱原発が法的に確定する。ただ合意内容は、電力会社側が脱原発を認める代わりに、政府が脱原発が達成されるまで、持続的に安定した原発の運転を保証するものでもあった。政府と電力会社の間のギブ・アンド・テイク的なものだったともいえる。

１９９０年代に入ると各原発では、燃料貯蔵プールがかなり一杯になる。貯蔵プールから使用済み核燃料を搬出して中央中間貯蔵施設か再処理施設に移送しないと、核燃料を交換できない。原発を止めなければならない心配があった。

ゴアレーベンなど中央中間貯蔵施設への輸送が開始されると、使用済み核燃料を輸送する容器（キャスク）の表面に放射性物質が付着している問題も発覚する。輸送は一時、中断される。使用済み核燃料と再処理によって生じる高レベル放射性廃棄物を固めたガラス固化体（以下ではまとめて、高レベル放射性廃棄物とする。簡単に核のゴミとしているところもある）をゴアレーベンなどの中央中間貯蔵施設に搬入する時、原発反対派が座り込みをして輸送を妨害する。抵抗運動は激しさを増すばかりだった。

使用済み核燃料を原発サイト内に保管すれば、輸送は邪魔されない。原発も安定して運転できる。原発サイト内に中間貯蔵施設を設置するのは、そのためのものだった。なおドイツでは、１９９４年から使用済み核燃料を再処理せずに直接処分することが法的に認められていた。

政府と電力会社の合意は、ドイツの脱原発政策の基盤となる。

６　脱原発で電力業界と合意を求めたのはなぜか

ドイツ政府は法改正によって脱原発を強制せず、電力業界と脱原発で合意する道を選ぶ。それはなぜだったのか。

１９９８年秋の連邦議会選挙において、緑の党は脱原発を選挙スローガンにする。党内ではすでに、政権入りに備え、脱原発を法的に規定するための法案が用意されている。緑の党は、政権入り後5年以内にすべての原発を最終停止させる計画だった。

それに対し社民党のシュレーダー首相候補は選挙戦中から、電力業界と脱原発で合意するべきだとの立場をとる。協議する場として、超党派で電力業界とともに将来のエネルギー政策を検討するためにはじまったエネルギー・コンセンサス会議を考えている。

社民党と緑の党が選挙に勝つ。連立協議の結果、エネルギー・コンセンサス会議において１年以内に、電力業界と脱原発で合意することを目標とする。その期間に合意できない場合、脱原発を法的に規定することで妥協する。

電力業界との交渉はまず、緑の党のトリティン環境大臣が行う。しかし、進展しない。シュレーダー首相自らが直接、話し合いに入る。その結果2000年6月、両者は脱原発で合意する。連立協定の目標より、半年以上も遅れていた。

シュレーダー首相はなぜ、脱原発で合意することに固執したのだろうか。シュレーダー首相は法務省をはじめ法律の専門家に、脱原発を法的に強制することによって発生するリスクについて検討させている。

原発も含め産業プラントには、建設されると、憲法上永久存続権が認められる。ただこれは、永久運転権ではない。原発の運転は、定期的な安全性評価の結果を見て許可される。それに対し国には、市民の健康を保護する義務もある。コロナ禍では市民の健康を守るため、ロックダウンによって移動や経済活動を制限していいのかが問題になった。脱原発においても、経済（ここでは産業プラント）の存続権と市民の健康権のどちらを優先するのかが問題となる。しかしドイツの憲法に相当する基本法は、いずれも同等の権利とし、どちらを優先すべきかを規定していない。その時の状況に合わせ、適宜判断することが求められる。

シュレーダー首相が恐れていたのは、この点だった。たとえ法的に脱原発を規定しても、電力会社が資産没収だとして損害賠償を求めて提訴してくるのは間違いない。訴訟は多分、最高裁まで争わなければならなくなる。脱原発が違憲かどうか、憲法裁判所の判断を仰がなければならない可能性も高い。そこで負けると、脱原発自体が不可能になる。たとえ裁判で脱原発が認められても、政府に膨大な損害賠償を命じられる心配もある。

法的措置を講じても提訴され、原発は止まらない。あるいは、脱原発が確定するまでに時間がかかり、莫大なお金も必要になる。脱原発が法的に明記されていても、政権交代によって脱原発法が改正され、原発推進に変わってしまう危険もある。脱原発の法的持続性は保証されない。

これら問題のリスクを考え、シュレーダー首相は原発を止めるには、電力業界と脱原発で合意するのが最短で、最も安くあがり、最善の方法だと判断する。シュレーダー首相には先見の明があり、正しかったといわなければならない。

シュレーダー首相の後任メルケル首相はそれに対し、電力会社との合意に基づいて法的に規定された脱原発を法改正によって延期する。直後に、フクシマ原発事故が起こる。メルケル首相は自ら法的に延期したばかりの脱原発時期を元に戻し、法的に確定させる。しかしその結果、運転を延期した分などに対し、州政府と連邦政府に損害賠償義務が発生する（第1項参照）。憲法裁判所の判断によって確定した。国と原発立地州の一部は、損害賠償を余儀なくされる。

7　脱原発までの稼働期間を32年としたのはなぜか

ドイツでは原子力法に係る問題や法的な解釈に関し、毎年法律の専門家が集まってシンポジウムが開催されてきた。脱原発に関しても、それに伴う法的な問題が議論される。法律の専門家の間では、脱原発を法的に規定した場合の解釈や問題について意見が一致していたわけではない。

２０００年にドイツ政府と電力業界が脱原発で合意したのは、政府が法的権力によって脱原発を規定した場合、損害賠償請求訴訟が起こることを心配したからだ。原発の稼働期間をどの程度にすれば、電力業界と脱原発で合意でき、損害賠償請求訴訟も回避できるのか。それが、脱原発合意の一番のポイントだった。

ボン大学公法研究所のオッセンビュール所長（当時）は、脱原発を法的に規定するのは違憲、いかなる条件においても原発を有する電力会社に損害賠償請求権が発生すると主張した。ドイツ南西部バーデン・ヴュルテムベルク州政府の依頼で鑑定した国家法専門家シュミット・ブロイスも、脱原発と再処理の禁止は憲法で保障されている所有権保護と職業選択の自由を侵害し、損害賠償請求権が発生すると解釈した。

それに対し、憲法から見た原子力法の解釈を専門とするビンゲン工科大のゲルハルト・ロラー教授は脱原発法が成立した場合、法律の施行後5年以内に原発を最終停止させるのも可能だと強調する。しかし建設された原発の価値を配慮し、脱原発の基準として原発の稼働期間を15年から25年を目安に制限するべきだとする。

環境技術における公法の問題を専門とするカッセル大学元教授のアレキサンダー・ロースナーゲルは、原子力の利用は憲法上も、国際法上も義務付けられていないと主張する。脱原発の基盤は、原発の安全性評価の結果にあるという。便益を得る関係者の間で釣り合いのとれた形で段階的に脱原発し、脱原発という新しい秩序に移行するべきだと提案する。

法曹界において、意見がまったく分かれていたことがわかる。政治がどう判断するのか。とても難しい問題だった。

当時の中道左派シュレーダー政権では、首相を出す社民党が稼働期間として20年から30年を目安にして、脱原発について交渉するべきだという立場。それに対し社民党と連立する緑の党は、稼働期間を25年とし、それを超える原発はすぐに停止し、残りは5年以内に停止するべきだと主張する。しかし原発を保有する電力会社は、最低35年運転できないと脱原発には応じられないと固執した。

政府と電力業界は最終的に、原発の稼働期間として32年で妥協する。それはどう、算出されたのか。

原発は通常、29年くらいかけて減価償却される。減価償却されていない状態で原発を停止させると、投資額は回収されない。会社側に損失が残る。それに対し減価償却された原発では、発電した電気が利益をもたらす。

減価償却前に原発を停止させると、たとえ会社側が脱原発に同意しても、株主が黙っていない。減価償却した後も、ある程度の期間会社側に利益が計上されないと、会社首脳が資産損失をもたらしたと、株主に訴えられる危険もある。それではたとえ脱原発で合意しても訴訟が続き、脱原発は確定しない。

それを避けるため、減価償却に必要な期間を1割増しにして原発を最終停止する時期を規定する。会社側にも利益があるように配慮した。政府の提案は、電力会社側に受け入れられる。稼働期間を巡り、かなり熾烈なやりとりがあった。しかし両者は32年で妥協する。２０００年の脱原発合意が、妥協の産物だったことがわかる。妥協があったから、脱原発が確実になったともいえる。

なおドイツ政府はフクシマ原発事故後の２０１１年8月、合意された32年稼働を基準にして、1980年末までに稼働していた原発7基と事故の多い原発1基を法的に停止させる。[1]

8　残発電電力量で脱原発時期を決める問題と利点

2000年にドイツ政府と電力業界が脱原発で合意した時、すでに述べたように、原発を最終的に停止する時期は明確に規定されなかった。原発の原子炉ごとに後どれだけ発電できるかを規定し、残発電電力量を使い尽くしたところで停止する。原発の最終停止時期を法的に規定するのではなく、原発を運転する電力会社の判断に任せる。

残発電電力量を基盤にして段階的に脱原発するには、利点ばかりでなく、問題もあった。以下では、その問題と利点について述べておきたい。

一番の問題は、原発を停止する時期を電力会社の判断で、いくらでも引き延ばせることだっ

1　フクシマ原発事故直後、稼働中の原発17基がすべて停止された。1980年末以降に稼働した原発9基には、安全性のチェックが求められる。その段階ですでに、残り7基の古い原発と事故の絶えないクリュムメル原発（合計8基）は、最終的に停止することが前提になっていた。その後に設置された倫理委員会の勧告をもって、ドイツ政府は脱原発を確定。勧告に準じて脱原子力法が改正され、2011年8月をもって原発8基が法的に停止される。

た。電力会社側は原発の運転を、故意に一時停止すればいい。実際原発の中には、運転を中断して最終停止時期を引き延ばし、2005年の連邦議会選挙において中道左派から中道右派政権に交代するのを待っていたところもある。選挙によって、中道右派のメルケル政権が誕生する。新政権は、脱原発の時期を延期することで電力業界と合意。その代わりに燃料集合体に核燃料税を課し、新しい税収源を設けることにする。これも、ギブ・アンド・テイクの取引だった。

2010年秋、脱原発時期が法的に延期される。その半年後、フクシマ原発事故が起こる。政府は慌てて、脱原発の延期を撤回。核燃料税による税収も、まったく得られないままに終わる。

原発の最終停止時期を電力会社の判断に委ねることには、利点もあった。脱原発とともに原発という大型発電施設を止め、小型で分散して設置される再生可能エネルギー発電施設に切り替えていく。再エネ発電施設の数は限りがない。少数の大型発電施設を基盤にして設置された送電網では、もう対応できない。送電網の構造を再エネの拡大に備えて改革する必要がある。

再エネへの移行期に原発（正確には原子炉）ごとに最終停止時期が事前に規定されてしまうと、実際の送電網整備状況とは無関係に、原発を停止しなければならなくなる。その結果、送電網の送電容量が不足し、送電網が不安定になるルートが出てくる。安定供給が保証できなくなる。電力会社が独自の判断で原発の最終停止時期を決めることができると、電力会社は送電網の整備状況を見ながら、原発の停止計画を柔軟に策定できる。送電網が不安定となるリスクは小さくなる。

ところがフクシマ原発事故を機に、原発ごとに最終停止する時期が法的に規定されてしまう。送電網の整備状況とは無関係に、法的に決まった日までに原発を停止しなければならない。

メルケル政権による２０１１年の第２次脱原発規定では、２０１５年と２０１７年、２０１９年に原発をそれぞれ１基止める。初期段階において、停止する原発を最小限に止める計画だった。脱原発の最終段階である２０２１年と２０２２年にそれぞれ３基と、原発を集中的に停止する。しかし送電網はまだ、十分に整備されていない。ドイツは今も、南北を結ぶルートの送電容量不足に苦しんでいる。

今から思うと当時すでに、フクシマ原発事故から時間が経つにつれ、世論が原発支持に傾いていくと期待されていたのではないか。世論の変化を待ち、２０２２年後もできるだけ長く原発を維持しようとする意図が頭の片隅にあったのかもしれない。停止する原発の配分を見ると、そうも疑いたくなる。

脱原発を政治的に、あるいは法的に確定しても、さらに社会的なコンセンサスを求めて脱原発を決定しても、脱原発が達成されるまでにはどこかに不確定要素が残る。どれだけ手が打ってあっても、まだ不十分だ。それを乗り越えて脱原発にまで漕ぎ着くには、その他に何か別の要因が必要だったといわなければならない。それが何だったのか。次に検証したい。

第2章　社会の変化

9　反原発運動から抗議文化へ

ここまでは主に、脱原発に向けた政治的なプロセスについて書いてきた。しかしドイツの脱原発では、反原発運動のことも忘れてはならない。

ドイツの反原発運動というと、１９７０年代後半に放射性廃棄物を処分するための中央処分施設候補となったゴアレーベンでの反対運動と、ゴアレーベンの中間貯蔵施設に搬入される高レベル放射性廃棄物に対する輸送妨害デモなどがよく知られている。ゴアレーベンの反対運動の中心になったのは、「リュコウ・ダンネンベルク環境保護市民イニシアチブ」という市民団体。地元で反対運動を続けながら、ドイツの反原発運動の中心的な存在になる。ゴアレーベンの反対運動から、緑の党が誕生していったといっても過言ではない。ゴアレーベンは旧東ドイツとの国境近く、旧西ドイツの北東にある。

しかしドイツの反原発運動は、その前から続いていた。はじめは、原発の建設に反対する運動が中心だった。１９７０年代はじめ、ドイツ南西部のヴィールで原発建設反対運動が起こる。それが、はじめての大きな反対運動だった。その結果、建設計画は断念される。

ヴィールは、旧西ドイツ領に位置する。旧西ドイツの反原発運動は、原発建設計画のある地元地域ごとに起こる。地元に根を張る草の根的なものだった。原発建設反対運動は１９７０年代に集中。原発を計画、建設する当初、旧西ドイツでは４００基以上の原発を建設することが期待されていたともいわれる。反対運動を恐れた政府や電力会社は、原発建設計画を大幅に縮小せざるを得なくなる。建設計画への反対が、脱原発において停止する商用炉が20基程度で済んだ要因の一つだったといってもいい。[2]

稼働した原発に対しても、建設許認可手続きの不備（ミュルハイム・ケアリヒ原発）や原子炉における設計値と施工値の違い（オブリヒハイム原発）、原発周辺への健康被害（クリュムメル原発）などを理由に、地元住民によって提訴が続けられる。その結果、原発の運転が長期に停止されたこともある。停止と再稼働が何回も繰り返される。建設許認可手続きの不備訴訟による判決で、廃炉を余儀なくされた原発もある（ハム原発（実証炉）、ミュルハイム・ケアリヒ原発）。住民の

2　２０１１年3月のフクシマ原発事故後に最終停止された原発は、17基（註1参照）。２０００年に政府と電力業界が脱原発で合意すると、残発電電力量を残したままシュターデ原発が停止される（1基）。その後、残発電電力量を使い尽くして原発が1基（オブリヒハイム原発）停止する。さらに、裁判の判決で停止が決まった原発も1基（ミュルハイム・ケアリヒ原発）ある。１９９０年代中頃には、シュラウドの亀裂で廃炉となった原発も1基ある（ヴュルガッセン原発）。商用炉だけを見ると、21基の原発が停止して廃炉になる。

反対運動は、電力会社側に多大な損害をもたらした。

旧西ドイツは国内で、核燃料サイクルを構築する計画だった。しかしヴァカースドルフ再処理施設の建設が中止され（1989年）、完成したカルカー高速増殖炉の運転は臨界しないまま断念される（1991年）。残された高速増殖炉の建造物は現在、遊園地として再利用されている。高速増殖炉を放棄したのは、ナトリウム漏れなど技術的問題があったから。しかし強固な反対運動がなければ、そう簡単にはギブアップされなかったと思う。ドイツは国内での核燃料サイクルを諦め、再処理をフランスとイギリスに委託する。原子力産業関係者の中には、国内で核燃料サイクルを断念したのは原発の魅力を半減させ、将来脱原発する道筋をつくったと見る人もいた。

ドイツの反原発運動は、単なる反原発運動に止まらない。1970年代から1980年代に運動した活動家の中には、反原発運動から環境運動や省エネ運動、有機農業運動、再エネ化運動、平和運動などに移っていった人も多い。それとともに、市民運動の底辺が広がる。ドイツ社会では、市民による反対運動が「抗議文化」といわれるまでに成長する。

反原発運動から広がった抗議文化への進化は、社会にボトムアップ効果をもたらす。それがまた、ドイツが脱原発を達成する上でとても重要な要因となる。ドイツの脱原発プロセスを振り返ると、ぼくはそう確信する。

10　脱原発への意識が一般市民に定着する

政治的なプロセスと反原発運動だけで、ドイツの脱原発が可能になったわけではない。それだけでは、脱原発まで達成できなかったと思う。スウェーデンでは1990年代はじめに、国民投票が行われる。国民の過半数は脱原発を支持する。そのスウェーデンにおいてさえ、脱原発は忘れられたようになっている。国民投票の結果は、一時的なもので終わってしまう。

ドイツの反原発活動家の中には、犯罪者のように扱われながらも戦ってきた人たちが多い。ドイツで脱原発を達成できたのは、活動家たちのたゆまない運動があったからでもある。ただ反原発運動が一般市民に浸透せず、活動家と一般市民の間にかなりの隔たりがあったのも事実だ。

1986年のチェルノブイリ原発事故後、旧西ドイツでは小さな子どもを持つ親のグループがたくさん誕生する。それは反原発というよりは、原発の安全性に不安を抱き、子どもを原発事故の影響から守ろうとする運動だった。市民自らが汚染された食品を測定する活動もそうだ。脱原発はまだ、一般市民の意識に深く浸透していなかったといえる。

原発はもういらないと、脱原発の意識が一般市民にも定着するようになるのはむしろ、再生

福島第一原発事故後の 2011 年 3 月 26 日に
ベルリンで行われた反原発デモに参加する青少年たち
デモは、それまでの反原発デモとしては最大のものとなる

可能エネルギーが普及しはじめ、代替エネルギーとして目に見えるようになってからだ。一般市民は原発がなくても、エネルギーが安定して供給されると確信できるようになる。

２０００年前後から反原発デモでも、再エネ普及のために活動する市民団体や協同組合、あるいは再エネでビジネスを展開する企業のスタンドが目立つようになる。ぼくははじめ、その意義がよくわからなかった。再エネの団体が反原発運動に出てきて、何になるのかと思った。

それとともにドイツの反原発デモでは、「原発はもういらない（Atomkraft? Nein Danke!）」と書かれた旗をつける乳母車に、小さな子どもを乗せてデモをする若い母親や家族連れをよく見かけるようになる。ペットの犬も「Atomkraft? Nein Danke!」のシールをつけ、一緒に反原発デモに参加する。

学校では生徒が、みんなで一緒に反原発デモに参加しようと提案するようになる。クラス全体で、反原発デモに参加するかどうかを討議。先生は中立的な立場で、それを見守る。生徒たちが賛成決議をすると、先生は責任教師として生徒たちをデモに引率する。デモに参加するのは、高校生だけではない。中学生や小学生の姿も見られる。

ワンチャンも反原発シールでデモ
2012 年 6 月 30 日にベルリンで行われた反原発デモから

反原発デモに参加する層が多様化していく。この現象は、2000年代に入ってより顕著になる。原発に代わるものがあるのなら、原発はないほうがいい。その気持ちが市民に浸透し、底辺に広がっていく。脱原発に向け、社会がボトムアップされていったといえる。市民の意識変化はドイツの脱原発において、とても重要なプロセスだった。

再エネの拡大が一般市民の目に見えるようになるの

は、脱原発のプロセスと並行して、２０００年に再生可能エネルギー法（再エネ法）が施行したからだ。再エネ法は、当時の国政与党社民党のヘルマン・シェーアや緑の党のハンスヨーゼフ・フェルなどの連邦議会議員によって立案された議員立法だった。アーヘンモデル（第２項参照）を原型として、固定価格買取制度（ＦＩＴ）が本格的に始動する。再エネで発電された電気を法的に決まった価格で買い取ることを義務付ける。

ＦＩＴ制度は、法案を立案した議員たちの期待以上に、社会の底辺を広げる効果をもたらしたと思う。

11　電力会社も変わらなければならない

ドイツの脱原発プロセスでは、もう一つ重要な要因がある。それは、電力システムと電力会社を含めたすべての電気に係る構造も、脱原発に向けて変わっていくことだ。

脱原発を達成するには、原子力に代わる代替エネルギーを育成、拡大しなければならない。電力システムも、それに適する構造に改革する必要がある。電力会社もそれとともに再編される。電力供給に係るすべての要素が、原子力発電のない時代に向けて構造改革されていく。

原子力の代替エネルギーになるのは、再生可能エネルギーだ。ドイツは１９９０年代はじめ

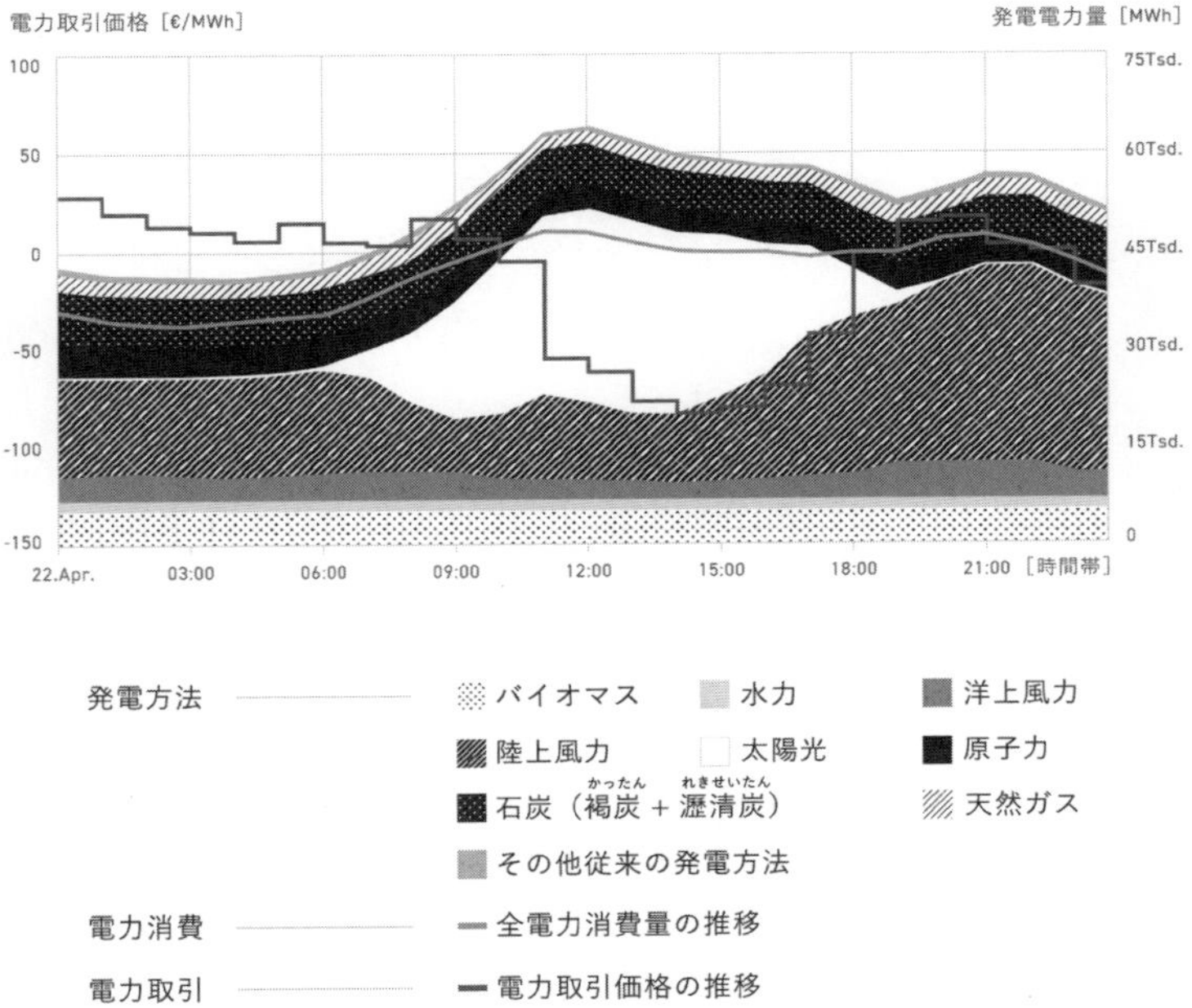

グラフ：ドイツの 2019 年 4 月 22 日の発電電源構成の推移

出所：ドイツ電事連（BDEW）、ドイツネットワーク機構（Bundesnetzagentur）
本書用に日本語版にし、グラフも白黒でわかるように改訂した
（トレース：井本麻衣）

から、再エネを法的に促進している。しかし再エネ促進が本格化するのは、すでに述べた２０００年に施行する再生可能エネルギー法（再エネ法）から。再エネ法は、再エネで発電された電気の買い取りを義務付ける固定価格買取制度（ＦＩＴ）を規定する。再エネが普及、拡大するとともに、順次改正されていく。

　ドイツのＦＩＴ制度は、再エネで発電された電気を優先的に買い取ることを義務付けている。送電事業者は、再エネ電力から順に買い取り、送電しなければならない。送電網の安定性を維持するために再エネ電力を出力抑制すると、送電事業者は送電網から切り離された当該の再エネ発電事業者に損害を賠償する。その負担は最終的に、電気の最終消費者が負う。

前ページのグラフは、２０１９年４月22日（イースター月曜日）の発電電源構成の推移を示している。この日は祭日で、電気の需要が少ない。灰色の太い折れ線から、総電力需要の変化する様子がわかる。

その日は天気がいい。明るくなると、太陽光発電による発電電力量（真ん中の白い部分）が急増する。お昼前後に、太陽光と風力（濃い灰色（洋上）と黒の斜線部分（陸上））など再エネ（グラフ一番下から白色の部分まで）だけで電力需要（灰色の太線）を上回る。それに対し、原子力発電は黒色、石炭火力発電は黒の背景に小さな白点の部分。発電電力量はほぼ一定で推移する。再エネの発電電力量の変動にまったく対応していないのがわかる。

ドイツでは、再エネ電力を優先的に買い取る。この日、太陽光発電が増えた時間帯は、原子力と石炭火力で発電された電気が過剰で、不要になる。ドイツにはまだ、電気を他のエネルギーに変換して貯蔵するだけの十分な容量がない。余った電気は引き取り手を求めて、ゼロ価格やマイナス価格で販売される。グラフで、再エネだけで需要を満たす時間帯になると電力取引価格が下がる（黒色の太線）のは、それが一つの要因だ。

ドイツの大手電力会社は、石炭火力と原子力を中心にして大規模施設で発電して高圧送電してきた。配電と電気の小売は主に、地域ないし都市ごとに設置されている「シュタットヴェルケ」といわれる公共の地域都市電力公社が行ってきた。1997年に電力市場が自由化されると、その役割分担が撤廃される。大手電力会社も電力小売に進出できるようになる。市場競争が激化する。大手電力会社は、大型投資のできない再エネへの進出を躊躇。それに対しシュタットヴェルケは激しい競争に対抗するため、積極的に再エネ化を進める。

再エネ発電が増えるにつれ、困ったのは大手電力会社だった。フル稼働を原則とする石炭火力発電と原子力発電は、発電の出力を柔軟に調整できない。前掲のグラフにもあるように、石炭火力と原子力で発電された電気の余る時間帯が増える。大手電力会社は損失を覚悟して、余剰電力を引き取ってもらう。電力市場の自由化で価格競争が激しくなる上に、大型発電施設で発電された電気が余る。大手電力会社の経営が圧迫されるばかりだった。発電だけではもう、利益を上げることができない。大型発電所をメンテナンスしたり、新設するための資金も調達できない。発電と送電、売電だけで続けられてきた従来の電力ビジネスは、機能しない。

この変化に対応するため、ドイツの電力大手会社は従来の発電方法による発電部門を分社化して、スリムになる。電力会社最大手エオン社は発電事業から撤退。配電網を買収し、電力システムのための新しいシステムを開発・提供するサービス会社へと再編する。第2位のRWE

社（ドイツ西部を拠点）と第3位のＥｎＢＷ（バーデン・ヴュルテムベルク・エネルギー）社（ドイツ南西部を拠点）も、大型投資が可能な洋上風力発電を重点に再エネへ転換する。

ドイツの電力市場構造は、再エネの拡大とともに変わっていく。発電電力量の変動の大きい再エネと、発電電力量が一定の原子力が両立しないのも、明らかとなる。原子力の生き残れる余地は、限られてきたといってもいい。再エネを優先するドイツのＦＩＴ制度が、電力システムの構造改革と電力業界の再編を余儀なくする。

２０２２年2月ウクライナ進攻戦争が勃発すると、ドイツでは天然ガスのロシア依存が大きな問題となる。天然ガスの半分は、暖房や給湯などの熱供給に使われる。天然ガスはその他、電力需要に応じて発電する天然ガス発電（調整力）に使われる。産業界でも重要な熱源だ。天然ガスがないと、パン屋はパンを焼けない。天然ガスがロシアから供給されず、事態は深刻になる。エネルギーにかかるコストが急騰した。

しかし電力業界は脱原発時期を延期して、原子力発電によってエネルギー不足を緩和することに関心を示さない。原発の最終停止に向け、数年前から準備してきたからだ。原発の停止を延期すると、莫大なコストが発生する。負担は誰が負うのか。電力会社にその気はなかった。

ドイツ政府は最終的に、残った３基の原発の最終停止時期を２０２２年12月31日から２０２３年4月15日に延期する。フランスでは、干ばつで原発が十分に動いていない。その上寒い時期になると例年、フランスで電気が不足する。ドイツは寒くなると、フランスに電気を融通する必要がある。それが、延期の主な理由だった。

それに対し保守系の国政野党や経済界は、脱原発時期をもっと延期させるべきだと要求する。世論調査においても、脱原発延期支持が過半数を超える。国際的にも気候変動対策の一環として、原発待望論が広がる。ドイツでも保守政党や保守的なメディア、保守支持層を中心に、原発復活への期待が強くなる。しかし、原発を復活させた場合の莫大なコスト、法的なハードル、核燃料製造におけるロシア依存（6フッ化ウランの輸入）などの問題は伝えられない。正確な情報なしに、ポピュリズム的な議論が続けられる（以下の第16項も参照）。

社会ではちょっとした状況の変化によって、民意ばかりでなく、政治と経済の意向も変わりやすい。しかし電力供給に係る構造が改革され、電力供給側が原子力を必要としない、それどころか嫌う状況になっておれば、脱原発のプロセスは社会の変化に影響されにくい。脱原発は長いプロセスである。社会情勢や民意の変化に抵抗して脱原発を実現するには、電力会社も含め社会全体において、原子力を必要としないよう構造改革が進んでいることも大切だ。

それに対し日本では、容量市場が導入されるなど既存の電力構造と経済構造を頑なに維持する政策がとられている。脱原発はまだ、遠い話だと感じる。

第3章　これからの課題

12　原発が止まれば脱原発を達成できたのか

ドイツでは2023年4月15日をもって、すべての原子力発電所が停止された。もう稼働している商用炉はない。ドイツの脱原発は終わったのだろうか。

原発ではもう、電気は発電されない。しかし原発はまだ残ったまま。解体して撤去されなければならない。それが「廃炉（廃止措置）」だ。廃炉作業が終わって原発が撤去されても、放射性廃棄物が残る。核のゴミも安全に処分されなければならない。

ドイツは、放射性廃棄物を国内で地層処分する。高レベル放射性廃棄物に対し、地層に最終処分して管理する期間として100万年が規定されている。すでに最終処分施設の運用を開始したフィンランドはそれに対し、高レベル放射性廃棄物の最終処分期間を10万年としている。

ドイツとフィンランドの間で最終処分期間に大きな差が出たのは、半減期の長いプルトニウムの影響をどう評価するかで違いが出たからではないかと見られる。フィンランドは、プルトニウムの放射能が10万年後に16分の1に下がっていればいいと考えているのだと思う。[3] しかし

3　プルトニウム239の半減期は2万4000年余り。放射能は2万5000年後に半分弱に、5万年後に4分の1、7万5000年後に8分の1、10万年後には16分の1に減っているはずだ。

ドイツは、それではまだ不十分だと評価する。最終処分には、何世代にも渡るたいへん長い時間がかかる。最終処分に予定されている期間が終わり、核のゴミによる汚染の影響がなくならない限り、人類は原子力発電から解放されない。原発が止まるだけでは、脱原発はまだ完結しない。

脱原発の見通しを立てずに原発を稼働する限り、放射性廃棄物が排出され続ける。最終処分にどれだけのスペースが必要か、はっきりと確定できない。核のゴミを処分するのに適した地層の大きさには、限界がある。原発が動いている限り、最終処分する候補地の選定には常に、不確定要素が付きまとう。選定をより難しくする。

ドイツでは、高レベル放射性廃棄物の最終処分候補地の選定が遅れている。選定作業を進める機関である連邦最終処分機構（ＢＥＧ）は２０２２年末、選定が順調に進んでも最終候補地を勧告できるのは２０６０年代にまでずれ込む可能性があると発表する。政府の最終処分の監視・監督機関である放射性廃棄物処分安全庁（ＢＡＳＥ）と協議し、最終勧告を２０４６年までに前倒しするよう努力することで合意する。

しかしぼくは、最終処分候補地はそれまでにはまだ確定していないと思っている。専門家が合同で行った分析でも、最終処分候補地が勧告されるのは２０７０年代にずれ込むと予測する。最終処分地選定法は、２０３１年までに最終処分地を確定するよう努力することを求めている。元々無理な目標だったが、選定の遅れは現実のものとなっている。

最終処分地選定の遅れは、核のゴミを最終処分するまでに地上で保管する中間貯蔵に、長い期間が必要になることを意味する。すべての核のゴミが地層に処分されるまで、１００年以上もかかる可能性がある。今生きている世代が、中間貯蔵を最終処分のように捉えても不思議ではない。放射性廃棄物を長期に地上に保管して、安全性を確保できるのか。ドイツは中間貯蔵施設と保管容器（キャスク）に、40年の運用しか許可していない。中間貯蔵の長期化は、その前提も崩してしまう。

最終処分期間を10万年としようが、１００万年としようが、その先まで何世代にも渡って核のゴミの危険をどう伝えるのか。その方法も見つかっていない（第20項参照）。危険なものを後に残された世代に伝えない限り、安全は確保されない。後の世代の安全まで考えないと、原子力発電を利用してきた世代は無責任だ。

現世代のぼくたちは現在、地層処分が一番安全だと判断している。しかしその評価が後世において、変わるかもしれない。そのため最終処分を開始してから最初の５００年間は、地層処分した放射性廃棄物を掘り起こして回収する可能性を残しておくよう規定されている。これは今、国際標準となっている。しかし、５００年間も耐久性のある最終処分容器を開発できるのか。その耐久性をどう検査するのか。そんな金属があるのか。わからないことばかり。技術的な問題が解決されない限り、核のゴミを500年後に地上に戻すことはできない。

最終処分地の選定をできるだけ民主的に行うため、住民参加の形で最終処分地を選定しようとする国が増えている。処分地に対する社会のアクセプタンスを得るためだ。ドイツでも、高レベル放射性廃棄物の最終処分候補地の選定に住民が参加することが法的に義務付けられている。しかし民主主義的な手法は、実際に最終処分地を選定する現世代にしか機能しない。将来の世代は地層処分によって、健康被害にさらされる危険がある。しかし被害を被るかもしれない後の世代は、まだ生まれていない。選定プロセスに参加する権利もなければ、可能性もない。

最終処分地の選定においていくら民主主義に固執しても、民主主義は世代を超えて機能しない。原子力発電には常に、この問題が付きまとう。500年後まで核のゴミを掘り起こす可能性を残すのは、そこまで民主主義を成り立たせるためだと説明されたこともある。しかし、たかが500年。核のゴミを処分する問題から、民主主義の限界が露呈してしまう。原子力発電が残す遺産の問題を考えると、原子力発電において民主主義はない。

最終処分に係る問題をいくつか挙げるだけで、脱原発して原発がもう動いていなくても、未知の課題がいろいろあることがわかると思う。人類はなんと、やっかいなものに手をつけてしまったのだろうか。

コラム1　ドイツの最終処分地選定の試み

旧西ドイツは1970年代後半から、東西ドイツ国境線北部のゴアレーベンに中央処分施設を設置する意向で、計画を進める。地域の地層である岩塩層が最終処分に適するかどうか。調査が続けられた。しかし住民の反対が強く、2000年に調査を中断。2010年、調査が再開される。

2013年、住民参加を前提とする最終処分地選定法が制定される。翌2014年、連邦議会内に超党派で高レベル放射性廃棄物処分委員会が設置された。最終処分地を住民参加で選定する手法について審議を開始。2016年、諮問案が提示される。法律は2017年、それにしたがって改正された。改正された法律は現在、ドイツの最終処分地を選定する『聖書』のようになっている。

その後になってようやく、ゴアレーベン岩塩層の適性が当初、科学的に十分に検証されていなかったことが判明する。ゴアレーベンを白紙に戻すという条件で、地元のニーダーザクセン州が納得。2017年に改正された最終処分地選定法を基盤にして、最終処分候補地の選定作業が本格的に始動する。最終処分される高レベル放射性廃棄物は、約

3万5000本の使用済み燃料集合体と再処理からのガラス固化体が約4000本。現在、500本余りの保管容器（キャスク）に入れて中間貯蔵されている。核のゴミは最終処分するため、新しく開発される専用容器に移し替えられる。再処理によって得られたプルトニウムは、燃料集合体などの間に入れて処分する計画だ。

最終処分候補地として科学的特性を有する地域が、2020年9月に中間発表される。ドイツ全国の54％の地域にもまたがる。その段階でもう、ゴアレーベンは適さないと候補地から除外された。核のゴミを保管するエリアの上に位置する地層の厚さが不十分だと判断される。

現在文献調査によって、現地で地上調査を行う地域を10か所に絞る作業が行われている。作業は今のところ、2027年末までに終了する見込みだ。その後現場で、地上調査が行われる。その結果から、ボーリング調査を行う地域が2つに絞られる。ボーリング調査の結果が出ると、調査選定機関である国営会社BEGが最終候補地を勧告する。勧告に基づき国会で審議、決議され、最終処分地が確定する。各党はその際党議拘束を外し、各議員の判断に委ねると見られる。しかし前述したように、最終処分地が決まるまでまだ、50年もかかる。

ドイツではすでに述べたように、最終処分候補地の選定を住民参加の形で行うことが法的に規定された。最終処分候補地の選定プロセスが公正かつ適格に行われていることを市民に、オープンに見えるようにする。地元住民のアクセプタンスを得るためだ。

しかしドイツの手法では、最終的に提案される最終処分候補地が住民に受け入れられるかどうかの保証はない。最終処分地が国会決議で確定すると、選出された地元自治体に拒否する権利は認められない。それに代わり、選定プロセスの進行中におかしい、不備があると異議を唱え、選定のやり直しを求める権利が住民に認められる。

住民の不満を聞き、異議を受け入れる機関として、「全国随行委員会（NBG）」が設けられた。NBGは、最終処分候補地の選定プロセスを監視、監督する行政機関BASEと地元住民（社会）を橋渡しする。最終処分候補地を選定する国と住民の仲介役ということだ。最終処分地選定におけるオンブズマンのようなものだといってもいい。

NBGは候補地選定プロセスを監視し、プロセスに疑義が発生したり、地元住民から正当な理由で異議が出た場合、住民に代わってプロセスのやり直しを国に求める。最終処分候補地の選定をやり直す可能性を設けたのは、ドイツの手続きの核心でもある。

NBGは、選定プロセスを住民参加の形で実現する重要な組織だといってもいい。ただNBGが実際に、どういう役割を果たすのか。具体的にはまだ、はっきりしない。やってみるしかないといえる。住民参加による選定は、これまでになかった試み。「ラーニング・

バイ・ドゥーイング（Learning by doing）」。実際にやりながら、学んでいくしかない。それは、住民参加で最終処分候補地を選定する仕組み全体にいえる。

ＮＢＧは18人で構成される。そのうち一般市民は６人。たとえば電話帳などから無作為に選ばれ、本人にコンタクトして同意が得られれば選出される。市民委員のうち２人は、16歳から27歳の若者で構成されなければならない。これも、住民参加における重要なポイントだ。その他は学者や環境関係の専門家など。連邦議会（下院）と各州政府の代表で構成される連邦参議院（上院）によって選出、任命される。

改正された最終処分地選定法に基づくプロセスがはじまると、政府機関ＢＡＳＥと、住民参加の催し物を準備する市民委員の間に軋轢が生まれる。うまくいかない。市民準備委員は一番最初の催し物で、市民によって選出された。ここでも、若者委員は必須だ。市民側はＢＡＳＥを信用しなくなる。内部で意見がまとまらず、権力闘争も起こる。市民準備委員が再選出される。最終処分候補地となりうる可能性のある地元住民などに入れ替わる。その後、両者の関係はスムーズになる。現在、ＢＡＳＥと選定機関のＢＥＧ、市民準備委員は、慎重に信頼関係を築こうとしている。関係者がこの間、いろいろ学んだからだともいえる。

ぼくは住民参加を企画、立案する段階から、ドイツのプロセスを20年以上も取材している。ドイツのやり方をとても羨ましく思う。同時に、ドイツの反原発運動が転機を迎えているとも感じる。

最終処分場の選定は、社会全体が直面する重大な課題だ。社会が責任を持って、国内で処分するのに適した地を探さなければならない。その時、政府機関ＢＡＳＥや選定機関ＢＥＧを批判するだけでは、話は先に進まない。批判しながらも、どうすべきかをお互いに信頼して対話しなければならない。

これまでの反原発運動は、国を批判して抵抗すればよかった。しかし今、反原発運動にも異なる意見を聴きながら、より適した最終処分候補地を見つけるために対話することが求められる。ＢＡＳＥは反原発運動にも、住民参加のプロセスに参加してくれることを期待し、門戸を解放している。反原発運動が蓄積してきた知識や知見を最終処分地の選定にも役立ててほしいからだ。一部には、最終処分という課題の重大性を理解して市民準備委員となったり、市民の催し物に参加する活動家もいる。しかしごく少数だ。活動家の多くはまだ、国を信用できないと重い腰をあげることができない。ぼくの知っている活動家たちはよく、「国がどう出るか、様子を見ている」といった。連邦議会の高レベル放射性廃棄物処分委員会に参加した環境団体さえも、選定プロセスから離脱してしまう。活動家たちは最終処分候補地が具体的になると、候補地に選定された住民に協力するという。しかしぼくには、国の計画に抵抗する機会を待っているように見えてならない。外から見ているだけで、最終処分問題を解決するのに貢献できるだろうか。頭を切り替え、選定プロセスに参加してほしい。対話することによって、社会全体が最終処分場を見つける新しい文化を構築する時期にきている。それが、原発をより安全に葬って反原発運動を完結させることにもなる。この道のりは避けて通ることはできない。

報道機関にも、同じことがいえる。現段階で、最終処分候補地の選定プロセスに関心を持つ報道機関は、ドイツにはほとんどない。関心を持っているのは、最終処分候補地に選ばれる可能性のある地元の報道機関くらい。ごくわずかだ。選定プロセスの催し物を取材しても、地元の選出される可能性がまだ残っているとか、少なくなったくらいのニュースしか発信されない。とても情けないと思う。最終処分問題の重要さを認識し、一般市民にどう伝えていくべきかのビジョンがない。

最終処分問題について取材するには、たいへん難しい専門知識が要求される。数回程度取材しただけで、わかるものではない。自分で勉強してわかるものでもない。知識不足から結局、ポピュリズム的な報道になってしまうのだと思う。超難しい問題を一般市民にどう伝えるのか。適切なことばと表現方法を見つける必要もある。試行錯誤しなければならない。市民に伝えることばの問題は、住民参加に係る機関や市民たちがすでに痛感している課題でもある。
報道機関も、最終処分地を見つける文化の構成員だ。それを自覚して、自分たちが最終処分問題についてどう報道するべきかをじっくり考えなければならない。候補地が具体化して、社会が過熱してからではもう遅い。

13　ドイツから見た日本の最終処分地選定への疑問

ドイツの最終処分候補地の選定では現在、前述したように、文献調査によって現地で地上調査を行う地域を10か所に絞る作業が行われている。調査の対象になっているのは、２０２０年9月に中間発表されたドイツ全国の54％の地域。最初に地層の特性が科学的に審査された結果、全土の54％が残った。文献調査の対象がなぜ、こんなに広い地域にまたがるのか。それは、ドイツ全土を対象にしてその中から最も適切な候補地を探すからだ。

それに対し日本ではまず、科学的特性マップによって可能性のある地域が公表される。その後に、文献調査に応じる最終処分候補地が公募される。ドイツは候補地を公募しない。公募制にすると、応募された地域しか調査しないことになる。ドイツ全土を地質学的に調査し、候補地を段階的に絞っていく。選定作業はできるだけオープンに行われ、住民に情報が公開される。ドイツ各地で定期的に、市民向けの催し物も開催される。それによって住民に、正確な情報を提供するほか、質問できる機会が設けられる。選定作業には長い時間がかかる。催し物はその間、一般市民の関心を最終処分問題に惹きつけておくためのものでもある。

ドイツの選定方法は住民参加を基盤にし、選定プロセスに透明性を持たせている。それによって、最終処分地にアクセプタンスを得ようという試みだ。日本は、公募によって地元のアクセプタンスを得やすい候補地に絞る。それから文献調査を行う。地元のアクセプタンスといっても、自治体には最終処分地に選ばれれば、莫大な資金援助があるとの思惑があるから応募する。

ドイツの選定方法では調査範囲が広く、選定までに時間がかかる。最終処分候補地が最終決定されるまで、たいへんな労力と時間が費やされる。しかしそれは、より安全な候補地を正当、公平に選ぼうとするからだ。住民のアクセプタンスを得るには、避けて通ることができない。前項コラムで述べたゴアレーベンでの失敗から学んだ過去からの教訓だともいえる。

日本の科学的特性マップを見ると、海上輸送によって放射性廃棄物を搬入することを考え、海に近いところが対象になっている。それに対しドイツでは、地球温暖化で海の水位が高くなることを考え、地球温暖化の影響を受けないことが選定の前提となる。海沿いの地域はノーゴー（不適切）だ。

ドイツは、核のゴミを遮蔽して閉じ込めるのは主に天然の地層（自然バリア）だと考える。国際的には、自然バリアと人工バリアで遮蔽するのというのが一般的だ。しかし人間のつくる人工バリア（たとえば、放射性廃棄物を入れる金属容器）はいずれ、崩壊する。そのリスクをどう捉えるのか。ドイツは、いずれ崩壊するものに頼るべきではないとする。天然の地層による遮蔽に集中して適切な候補地を選定する。

前述した独日の違いから、わかると思う。最終処分地選定方法には、根本的なところに大きな違いがある。ドイツでは全国隅から隅まで調査するのに対し、日本では自治体が応募した地でしか調査しない。放射性廃棄物は排出者の責任から、排出者の国内で処分する。それが原則だ。しかし国内において、安全に最終処分できる地がある保証はない。安全性を追求し、国内においてより安全で、最も最終処分に適する場所を選定する。その時国内で、比較する対象を事前に限定してしまっていいのだろうか。ドイツは限定してはならないとして、国内全土から選定する。ドイツの選定の徹底さが覗える。

それに対し日本は、公募によって調査する対象を前もって限定する。最終的に最終処分候補地が住民に受け入れられることを先に優先させたといってもいい。それによって、選定プロセスにかかる時間を短縮することもできる。

ドイツは最終処分を受け入れてもらうため、住民参加と透明性を優先させる。日本は、候補地の地元の意志に重点をおく。日本の手法で、最終処分に最適な地を国内で選定したことになるのだろうか。ぼくには疑問だ。文献調査の段階から調査対象を絞っては、国内で最も適切な地を選定することをはじめから放棄していないだろうか。

ぼくはドイツで、高レベル放射性廃棄物に対する岩塩層の適正を調査するゴアレーベンの調査坑と、低中レベル放射性廃棄物の最終処分場として計画されているシャハト・コンラートの坑道に入ったことがある。いずれも地下1000メートルくらいの超深いところにある。地下の深い坑道に着くと、ゴアレーベンでは冷んやりする。それに対しシャハト・コンラートでは、ちょっと暑い。摂氏40度くらいあるといわれた。しかし、そんなに暑いとは感じない。湿度が低いからだろう。ぼくはそこではじめて、真っ暗とはどういうことなのかを体験した。目を開けていても、自分の手さえも見えない。

2つの異なる地層での温度差は、ゴアレーベンが岩塩層、シャハト・コンラートが粘土層からなることに起因する。岩塩層の熱伝導率は高く、熱が逃げる。それに対し粘土層では熱伝導率が低く、熱がこもる。その分粘土層には熱で乾燥し、地層に亀裂の入る危険がある。熱を発する高レベル放射性廃棄物を粘土層で処分するには、事前に十分に冷えてから搬入するしかない。地上で中間貯蔵する期間が延びる可能性が大きい。

ゴアレーベンの岩塩層では、地層のあちこちで地下水が漏れていた。結晶質岩層でも、閉鎖された岐阜県瑞浪超深地層では地下水が川のように流れていた。地下水は放射性廃棄物を運んで拡散させる。最終処分の大敵だ。

ドイツは法規定にしたがい、岩塩層、結晶質岩層、粘土層の三つの異なる地層を調査する。花崗岩など結晶質岩層では、文献調査対象の岩層の一六％しかまだ審査されていない。しかしその段階ですでに、その八〇％近くが「不適切」か「適切ではない」と判断された。ドイツ環境省の下で専門家によって構成される最終処分委員会では、結晶質岩層を選定対象から除外すべきではないかとの意見さえも出ている。

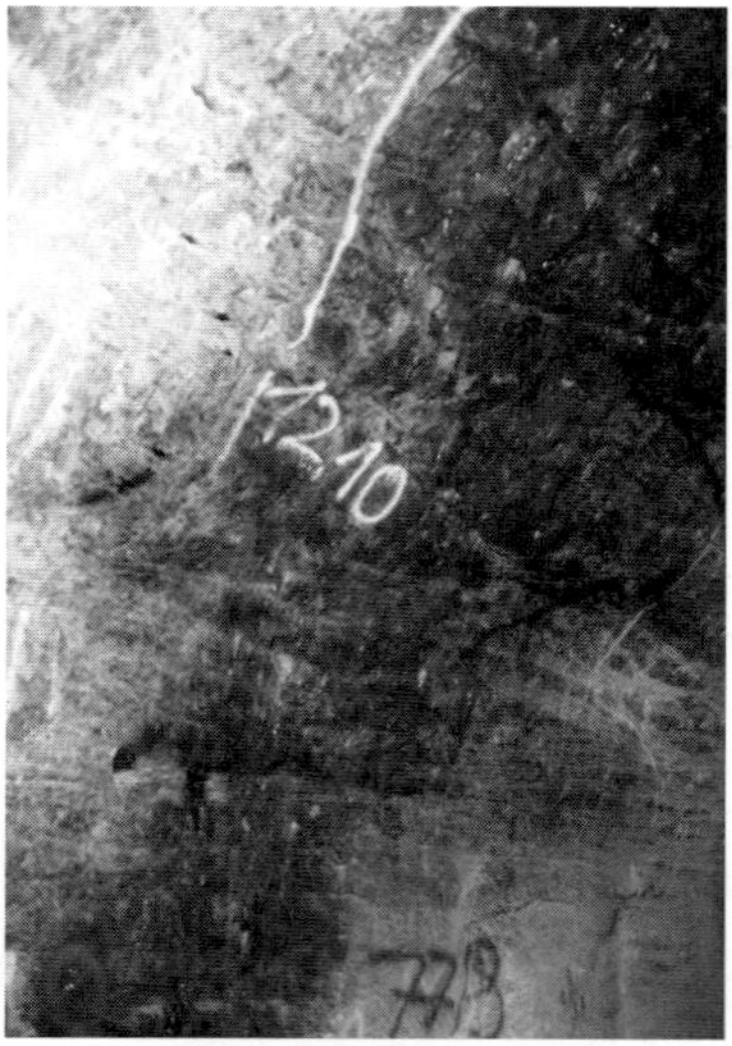
ドイツ北部にあるゴアレーベンの
地下調査坑で撮影した岩塩層
地下約 1000 メートルの地点
このエリアでは、岩塩層に油
（写真の黒いエリア）が混じっている
それでは地層が均一でなく、
最終処分に適さない

最終処分候補地の選定の終わったスイスでは、地層の科学的特性を審査する段階で、結晶質岩層を排除している。最終的に選定された候補地は、粘土層からなる。

結晶質岩層が最終処分に適さないのは、岩層が厚くても、岩層がいくつも重なり、十分な均一性がないからだ。それでは、遮蔽性に限界がある。しかし最終処分で先行するフィンランドは、結晶質岩層に最終処分する。日本もそれに右習いするかのようだ。日本は、フィンランドやスウェーデンからの情報に偏りすぎていないか。ぼくは少し気になる。

地層の特性と構成は、各国ごとに異なる。自国から見ているだけでは、他国の地層の状況を十分には判断できない。放射性廃棄物の最終処分は、これまで誰も体験したことのない未知の世界。各国の選定状況を見ながら他国との情報交換を徹底させる。できるだけ幅広く、たくさんの情報を収集したい。各国で蓄積された知見は、自国での最終処分候補地の選定に活かせるはずだ。得られた情報はすべて、市民にもオープンに公開してほしい。

14　日本でも脱原発できる

日本政府はＧＸ（グリーントランスフォーメーション）と称して、脱炭素化、カーボンニュートラル化を目指している。その枠組みにおいて、原発を推進することが計画されている。原発の新設やリプレース、運転期間の延長が『環境保護』の名目で実施される。容量市場を導入して、発電容量のために資金を調達し、既存原発のメンテナンスや原発の新設にお金の流れる仕組みも構築される。さらに原発の新設に向け、電気料金で事前にこっそりと資金を集めて電力会社の投資リスクを軽減する手法（ＲＡＢ（Restricted Asset Base、規制資産ベース）モデル）も取り入れられる。

日本では当分の間、脱原発が可能となる見込みはない。しかしドイツで脱原発が可能となった要因を検証してみると、日本で脱原発がまったく不可能だとはいえないこともわかる。政策上当分の間、原発維持と推進が続くのは間違いない。だからといってここで放り投げても、原発のない社会は達成できない。厳しい状況だが、諦めるべきではない。ドイツは原発を推進しようとした後、脱原発へと舵を切り返した。日本においても、原発政策を妨害する方法がある。それを地道に実行すれば、電力供給において必ず問題が生じる。原発に依存するエネルギー政策はそのままでは、機能しなくなる。ぼくたち市民はどうすべきなのか。ドイツの体験から考えてみたい。

ぼくはこれまで、原発と再生可能エネルギーによる発電は両立しないと主張してきた。それは、原発による発電電力量が定量なのに対し、再エネ発電では発電電力量がかなり激しく変動するからだ。日本では逆に、再エネの発電電力量に変動が大きいからベースロード電源として原発が必要だといわれる。しかし、そうではない。変動する発電電力量には、発電電力量が可変でないと対応できない。高層ビルに耐震性を持たせるために、建物を固く頑丈にするのではなく、建物が揺れるように設計するのと同じだ。日本政府はエネルギー基本計画において、原発と再エネの両方を推進すると強調する。しかしその政策には、いずれ限界がくる。それに気付いてからではもう遅い。その時にはもう、原発に依存する気候変動政策は失敗している。

再エネを促進するのに必要になるのは、調整力だ。再エネによる発電電力量の変動に応じて、柔軟に発電電力量を調整できる発電方法。それに適するのはガス発電だ。必要な時、すぐに点火して発電できる。脱炭素化を実現するには、バイオガス発電が最も適する。しかし、それが普及するまでには時間がかかる。過渡的に、天然ガス発電を調整力として利用する。水素を燃料として、ガス発電することもできる。しかし水素を製造するのに、たくさんの電気が使われる。エネルギー利用の効率を考えると、水素はできるだけ燃料として使わないほうがいい。水素は、どうしても水素でなければならないところだけに集中させたい。

日本では送電網が不安定になると予想されると、再エネ発電に対して出力抑制が求められる。再エネの発電施設が送電網から切り離されるのだ。発電しても、電気の行き先がない。再エネで発電するなということだ。

これが、今の日本の電力システムの基本。再エネ発電が拡大すると、再エネ発電を切り離す時間帯が増加する。ドイツでは再エネで発電された電気を優先的に送電し、出力抑制した場合に損害賠償される。それに対し日本では、出力抑制によって発生する損失は原則として補償されない。出力抑制問題にいろいろ対策が講じられているが、ドイツに比べると再エネに投資する魅力はない。再エネ発電は期待通りには、増加しないと思う。日本のエネルギー政策は自ら、この弱点をつくり出した。脱原発への道を切り開くには、この弱点を利用する。

日本のほうがドイツよりも、日照時間が長い。太陽光発電を中心に、再エネで発電する条件に恵まれている。再エネに投資する魅力がなくても、ぼくたち市民なら積極的に自宅の屋根やベランダにソーラーパネルを設置して発電することができる。市民の力で日本の住宅の屋根のほとんどに、ソーラーパネルをつけたい。集合住宅では、住民が共同で屋根にソーラーパネルを設置する。農地ではソーラーシェアリングによって、市民が共同でソーラーパネルに投資する。自宅の屋根が強度不足でソーラーパネルが無理なら、積極的にソーラーシェアリングに参加すればいい。

太陽光発電された電気は、売電して送電網に流す。送電会社は再エネ拡大のテンポについていけず、送電網の整備が後手に回るはずだ。送電オペレータの教育や送電システムの開発も遅れる。送電会社は、小さなたくさんの再エネ発電施設を管理しきれなくなる。出力抑制が乱発されるようになればいい。送電会社は送電網を安定させるのにてんてこまい。停電の起こるリスクも高まる。その結果、日本の電力システムはおかしいぞとなる。

送電網が不安定になって停電しても、個人住宅の屋根にはソーラーパネルがある。屋根で発電された電気を自家消費すればいい。困るのは産業界だ。機械が動かなくなる。こういう状態に至るまでには、時間がかかると思う。しかしぼくたち市民が徹底して、再エネ発電をはじめる。ソーラーパネルによって再エネの発電電力量をがむしゃらに増やせば、電気の安定供給が揺らぐ。これに近い状態にまで持ち込めばいい。日本の原発政策に抵抗して脱原発への道を開くには、これしかないと思う。

市民の力で原発のない社会をつくる。再エネ、再エネ、再エネ。それにつきると思う。

15　脱原発における独日の根本的な違い

前項14「日本でも脱原発できる」においてぼくは、日本でも市民の力で脱原発できる可能性が開けると書いた。ただドイツと日本において、脱原発を実現するための前提条件が同じではないことも認識しておきたい。

ドイツと日本の間において根本的に違うのは、ドイツでは政治が地方分権化され、経済も分散化されていることだ。それに対し日本では、政治も経済も中央集権化され、日本の原発立地場所では政治的にも、経済的にも原発への依存度が格段に高い。

ドイツでは、原発は国の法律である原子力法によって規制される。しかし法律の執行と原発の監視、監督は原発の立地州が行う。ドイツの州では、国の政権よりも政権交代の起こる確率が高い。原発立地州において原発に批判的な中道左派政権が誕生すると、原発でちょっとした事故が起こるごとに、原発が長い期間停止させられることもあった。ミュルハイム・ケーアリヒ原発は州による建設許認可手続きの不備から、裁判によって廃炉が確定する。当時の州政府（ドイツのコール元首相が州首相だった）が原発建設を優遇しようとして、違法な許認可手続きを認めたからだった。

ドイツでは政治の地方分権化によって、原発の建設と運用がよりコスト高になっていた。政治の多様化の下、原発の建設と運用が民主的に管理され、機能していたともいえる。しかしドイツでは、原発に関しては日本のほうがむしろ民主的だと思われている。日本において、原発の立地する地元自治体の合意なくして原発が建設、運転されないからだ。そう思われているのは、日本の原発立地自治体に莫大な資金が流れ、原発の立地と運用がお金で買われていることが知られていないからでもある。

原発立地自治体に対する資金援助に関しても、独日間に大きな差がある。ドイツでは原発が立地しても、地元自治体には営業税の増収しか期待できない。営業税は、自治体内で事業を展開する事業者に課せられる地方税。ドイツでは、自治体にとって最も重要な財源だ。それ以外は、原発を運転する電力会社が地元のインフラの設置に資金援助するくらい。たとえば温水プールや原発周辺の遊歩道などが、電力会社の資金援助で設置されている。日本の原発の町ほど、豊かだなあとは感じない。

ぼくはドイツで原発が最終停止される直前、地元の自治体首長にインタビューしたことがある（詳細は、以下の第18項参照）。その時、確かに財政的には苦しくなるといわれる。しかし、政治が停止するかしないか、早く決めてくれるほうがありがたいともいわれた。地元経済を立て直す施策を考えればいいからだという。いつもクールな答えが返ってきたのが、印象に残る。ドイツでは経済も分散化し、原発の立地する自治体経済は原発にべったりとは依存していない。ドイツの自治体は原発が廃炉になっても、日本の地元地域ほどには大きな影響を受けない。だから、冷静におれるのだと思う。

それに対し日本の経済は、中央集権化されている。地方経済は、大手企業の大規模工場を誘致できるかどうかに依存する。しかし大規模工場を誘致できるチャンスは、限られている。それ以外は、必要ない道路や過剰に大きな公共施設を設置して、地元土建業によって経済を支える。日本の地方にこれといった産業がないからだ。産業の代役が原発だ。大手企業の工場を誘致するか、危険を承知で原発を誘致するか。自治体にはどちらか一方しかない。この現実は厳しい。産業を誘致するには、地元のインフラを整備し、質のいい労働力と技術開発力もなければならない。原発だけに依存してきた原発立地自治体を構造改革するのは、容易なことではない。これが日本で、自治体が原発にしがみつく大きな要因でもある。

日本で脱原発を実現するには、原発のなくなる地方経済をどう再建するのか。早い段階から対策をはじめる必要がある。時間をかけ、地元の構造改革に十分な支援策を講じる。それが、地元の理解を得る上で重要なポイントになる。原発停止後の自治体を見捨てるのではなく、「普通の自治体」に戻れるように手厚い、長期的な展望を持てる施策がほしい。

16 ドイツで原発が復活する可能性はあるか

ドイツではもう、商用炉は動いていない。しかし依然として、保守系野党や経済界の一部から原発復活を待望する声が消えない。世論調査でも、市民の約60％は原発復活を支持している。

原発復活論を唱える政治家は原発のことをよく知らないまま、ポピュリズム的に市民を扇動している。現実を見ていないといわなければならない。原発ポピュリズムの中心は、ドイツで執拗に原発復活キャンペーンを続ける保守系大衆紙『ビルト』だ。原発復活を主張する政治家は、ビルト紙しか読んでいないのではないか。そうしか思えないことも多い。

しかし実際に、ドイツで原発が復活する可能性はあるのだろうか。以下で、事実から見て分

廃炉作業の行われている原発サイト内の中間貯蔵施設には、
取り外された原子炉圧力容器（写真手前、鉄板で巻かれたもの）と
蒸気発生器（写真右側と奥、容器の上にノズル（接続部）があるもの）が
たくさん並んでいる
2012 年 11 月末、ドイツ北東部のグライフスヴァルト原発で撮影

析したい。

ドイツではすでに、2023年4月に止まったものも含め、すべての原発に対し廃炉（廃止措置）が許可されている。2024年12月時点で、廃炉作業のはじまっていない原発は1基しかない（第25項参照）。廃炉作業がはじまるのは、時間の問題だと見られる。

廃炉作業は廃炉申請を出して、許可されないとはじめられない。ドイツでは廃炉において、使用済み核燃料などを搬出した後に格納容器を約30年封鎖し、放射線量が下がってから本格的に解体する方法（安全貯蔵）はもう、許可され

廃炉作業の行われている原発サイト内では、除染作業が行われていた
写真は、圧搾空気を使って除染する現場
撮影するため、特別に除染室のドアを開けてもらう
2012 年 11 月末、ドイツ北東部のグライフスヴァルト原発で撮影

なくなった。原子炉をすぐに解体すること（即時解体）が求められる。多くの原発ではすでに、解体作業が進んでいる。

廃炉作業には、10年くらいが予定されている。実際には、もっと時間がかかると思う。

原発を復活させるには、できるだけ早く復活を決定し、廃炉作業を中断ないし開始しないようにしなければならない。さもないと手遅れとなる。現在の中道左派政権が、原発を復活させることは考えられない。2025年秋に行われる総選挙（連邦議会選挙）で政権交代するまで待たねばならなかった。

しかし連邦議会（下院）は早期解散さ

れる。2月の選挙によって、原発を支持する新首相が誕生する見込みだ（2024年12月段階）。しかしそれまでには、すべての原発において廃炉作業が行われているだろう。廃炉の状況からして、原発が再稼働して復活するのは難しい。

廃炉申請はほとんどの原発で、最終停止する前に提出されている。廃炉許可が停止前に出て、停止後すぐに廃炉作業に入った原発も多い。コストを削減するためだ。電力会社側が廃炉作業を急ぐのは、電力会社の財務状況を表すバランスシート（貸借対照表）と無関係ではない。ドイツでは原発からすべての核燃料が取り出されると、原発はバランスシートから資産として取り消される。原発の資産価値は大きい。それがいきなりバランスシートからなくなると、電力会社自体の資産価値も急減する。電力会社は、敵対的買収の対象になりかねない。

それを事前に防ぐため、電力会社は廃炉に向け、かなり前からバランスシート上で原発の資産価値を順次減らして準備する。ここまできて原発を復活させるのは、簡単ではないことがわかると思う。

法的にも高いハードルがある。一番問題になるのは、10年ごとに行うべき安全性評価が2019年に実施されていなければならなかったことだ。最後に残った原発6基については、2022年末までに最終的に停止することを条件に、安全性評価が免除された。原発を再稼働するには安全性評価を実施し、安全性が確認されなければならない。そのためには数年間の準備期間が必要なほか、莫大なコストがかかる。

安全性評価の規制を緩和するのは、考えられないことではない。しかしそれは、これまでの原発の安全性管理を否定することになる。政治的なハードルは高い。

たとえすでに停止した原発を再稼働させるにしても、可能性のある原発は主に、風力発電が盛んで、発電電力が余りがちなドイツ北部に集中する。原発を再稼働しても、ドイツ北部にこれまで以上に電気が余るだけ。ドイツの送電網では、南北を連結する送電容量が不足している。南北ルートの送電網は北部から南部に送電される電気でより過負荷状態になる。送電網のバランスが崩れ、より不安定になる。

それを防ぐには、北から南に流れる送電量を減らす。北部で発電電力を隣国に売電するか、南部で節電して需要を減らすか、あるいは南部の隣国から電気を買って南部の需要を満たすなどの対策を講じるしかない。それでは、何のために国内で原発を再稼働させるのかよくわからない。

自由化された電力市場においては、原発で発電して電気を売るだけでは利益になるどころか、損失が増える。従来の発電ビジネス方式に、限界がきているのはすでに書いた（第11項参照）。原発をメンテナンスする資金さえも確保できない。政府が直接資金を供与するか、日本のように発電所の発電容量に資金を集める容量市場を設けるなど、売電以外に資金調達する新しい制度が必要になる。それには時間がかかるし、うまく機能する保証もない。いかに政治的に判断されようが、ドイツで原発を再稼働させるのは、現実問題としてかなり無理な話だとわかると思う。

コラム2　急激な原発拡大は自殺行為

原子力技術市場は特殊な市場だ。市場は競争が激化して、安全性がないがしろにされないよう厳重に管理される。過激な競争で、関連メーカーが倒産しないように配慮される。新規参入するのも、技術的にも、経済的にも難しい。市場には、余剰生産力もほとんどない。原子力産業が過度に競争せず、原発の新設と既存原発のメンテナンス、安全性評価を定期的に実施、継続できるような仕組みが確立されている。原発を新設するだけでは機能しない。原発は定期的にメンテナンスを行なって、安全性を維持しなければならない。

ところが世界では、2050年までに原発の発電容量を現在の3倍にすることで、有志国が連合している。2023年12月にアラブ首長国連邦のドバイで行われた国連の気候変動枠組み条約締約国会議（ＣＯＰ28）に合わせ、米国のイニシアチブで「原子力発電の設備容量を２０５０年までに世界で3倍にする」という呼びかけがある。米国やフランス、英国、日本、それに議長国のアラブ首長国連邦など22か国が賛同した。ＣＯＰ28の成果文書においても、原発が「ゼロ排出・低排出技術」として追加される。ＣＯＰの成果文書として、はじめてのことだった。２０５０年までに二酸化炭素など温室効果ガスの排出を実質ゼロとするカーボンニュートラルを達成するには、原発が不可欠だとの認識だ。

目標を実現するには、25年の間に約６００基の原発を新設しなければならない。原発は計画から、10年で完成することはない。最低でも、15年から20年以上かかると見なければならない。６００基の原発をほぼ一度に、並行して計画、建設することになる。

世界では、原発の多くで高経年化が進んでいる。老朽化した原発をリプレースするのさえも追いつかない。この状況で、原子力発電の設備容量を25年で3倍にするのは、幻想としかいいようがない。

原子力技術市場の特殊性を知って、容量3倍宣言をしているだろうか。現在世界に、一度にこれだけの原発を計画、建設する余力はない。既存の原発メーカーは、どう人材を確保するのか。新規参入業者も認めなければならなくなる。原発は、特殊で高度な技術を要求する。簡単に新規参入したり、新しい人材を育成できるものではない。

原発メーカーが原発の新設で手一杯で、既存原発をメンテナンスするほか、定期的に検査する余裕もなくなる。これは、原発の命に係る問題。原発をいずれ止めることになる。原発を建設する許認可手続きにおいて、安全性を審査する検査機関も十分な余力を持っていない。一度にたくさんの原発の建設許認可申請が出されても、まともな許認可手続きはできない。結局、世界全体で国際原子力機関（ＩＡＥＡ）が一括して安全性を審査し、原発を型式承認することになってしまうのではないかと危惧せざるを得ない。

原発は自動車ではない。立地場所の条件に応じて、立地場所ごとに安全性を審査しなければならない。たとえば地震のないところでは、原発の耐震性は６００ガルあればいいかもしれない。しかし日本のような地震国では、１０００ガルでも不十分。立地場所によっては、津波や洪水の危険についても厳重に審査しなければならない。原発の型式承認は、安全性を無視する。

たとえ２０５０年までに3倍は無理でも、かなり多くの原発を建設できたとしよう。その時、原子力産業は生産過剰で、バブル状態になっている。原発は最低でも40年は動く。当分の間、原発の新設は期待できない。原子力産業でバブルがはじけ、破産するメーカーが増える。原発をメンテナンスできなくなる危険が生まれる。

これだけの問題点を挙げるだけで、原発の発電容量を3倍にすることがいかに深刻な問題になるかがわかると思う。原子力産業と原発をダメにしてしまう自殺行為のようなものだといいたい。

２０２４年3月21日、ＥＵ（欧州連合）本部のあるブリュッセルで行われた欧州原発連合会議において、原発の発電容量の3倍宣言が再確認される。欧州委員会のフォンデアライエン委員長がしてやったりと、ほくほくと微笑んでいる姿がとても印象的だった。人間は目先のことしか見ない浅はかで、愚かなものだなあと、ぼくは痛感する。物理学者で、第2次世界大戦中にドイツの原子爆弾開発にも係ったカールフリードリヒ・フォンヴァイツゼッカーが、１９８０年代前半に出版された本『核経済の限界』のまえがきに書いていたことばが思い浮かぶ。

「もし人類が核エネルギーをいかに不注意に、軽率に取り扱うのかを想像できていたら、核エネルギーのために尽力しなかった」

ぼくはこのことばを、原発促進を唱える人たちに送りたい。

17　脱原発が電気料金の高騰と電気の輸入をもたらしたのか

ドイツで原発がすべて停止して1年半余り。廃炉作業のはじまっていない原発はもう、1基だけとなった（2024年12月時点）。ドイツ北西部にある。廃炉許可がすでに下りているので、廃炉作業がはじまるのは時間の問題だ。

ドイツは天然ガスの供給をロシアに依存していた。2022年2月にロシアがウクライナに侵攻すると、ロシア頼りのエネルギーコストが急騰する。ＥＵは原発を脱炭素電源と規定する。2023年末の世界気候行動サミットＣＯＰ28では、米国や日本など20か国以上の有志国が原発の発電容量を2050年までに3倍にすると宣言する。

この状況下で、脱原発を実現したドイツは世界でも特異な存在だ。ドイツでもエネルギー危機を境に、保守系や右翼系政党が脱原発は間違いだったと原発復活論を唱える。脱原発の結果、電気料金が高騰し、隣国から電気を輸入して安定供給を維持しているとも主張する。日本のエネルギー基本計画の改定議論においても、同様の見方がまかり通っている。

しかし、本当にそうなのか。ここで、しっかり検証しておきたい。

電気料金を引き上げているのは何か?

電気の卸取引市場では、発電コスト（限界費用）の安いものから取引される。再エネ、原子力、石炭、天然ガスの順だ。ただ最も高値で取引された額が確定価格となり、すべての電気に適用される（メリットオーダー方式）。電気の卸価格を決めるのは、最も高い天然ガス発電だ。再エネや原子力は、卸価格に影響を与えない。ドイツでは、卸市場で取引される電気は発電電力量全体の25％。ただ卸市場価格は、卸市場外の直接取引価格の目安ともなる。

ドイツではウクライナ侵攻戦争後、ロシアからの天然ガス供給がストップする。天然ガス価格が高騰し、電気の卸取引市場においても先物価格とスポット価格が急騰する。ドイツは現在、オランダやノルウェー、中東から天然ガス（液化ガスが中心）を輸入している。すでに天然ガスの価格は下がり、安定している。電気料金も、ウクライナ侵攻前のレベルに戻ろうとしている。

ドイツ電事連（ＢＤＥＷ）が２０２４年7月に発表したデータによると、年間電気消費量が３５００キロワット時の一般世帯の場合、新規契約時の平均電気料金は1キロワット時あたり41・35セント（約67円。基本料金、新規契約料金などすべての料金を含む）。最も安い電気は、１キロワット時あたり30セント（約49円）以下で提供されている。そのうち発電コストが43％、税金や賦課金が29％、託送料が28％を占める。なお新規契約では、既存契約の電気料金に比べ、かなり割高になる。

このうち発電コストは、低減する傾向にある。税金と賦課金も再エネ賦課金負担が撤廃され、負担は30%少なくなった。

それに対して、負担が毎年増えているのは託送料だ。託送料の高騰は歯止めが効かない。送電網が老朽化するほか、ドイツ統一後の東西を結ぶ送電網と再エネ拡大に伴う送電網の整備が大幅に遅れている。送電網の建設コストが高騰し、資金負担が増えるばかりだ。

ドイツは電気を輸入している

ドイツは長い間、電気の輸出国だった。ドイツ電事連のデータによると、電気輸出量と輸入量の差は、2022年にはまだ年間290億キロワット時の輸出超だった。転機を迎えるのは2023年から。2023年は年間73億キロワット時の輸入超となる。2024年も7月までで、85億キロワット時の輸入超となっている。

ドイツが2023年に電気輸入国に転じるのは、電気料金の高騰と無関係ではない。ヨーロッパ大陸では送電網が連系しており、各国の送電網や電気価格の状況に応じて、お互いに電気をやり取りしている。ドイツは電気料金の高騰に伴い、他国から安い電気を買い入れている。脱原発に伴う電気不足から、電気を輸入しているわけではない。

ドイツでは、風力発電の盛んな北部で電気が余る傾向にある。しかしその電気は現在、整備遅れによる送電網の容量不足で南部まで十分に送電できない。その結果、南北を結ぶ送電網が不安定になりやすくなっている。それに対処するため、南部で隣国から電気を輸入して南部の電力需要を満たしている。

安定供給は保証されているか？

発電における日ごとの再エネの割合を見ると、20％台から70％台の間で変動している。変動が大きいのは風力発電。その変動を調整するため、石炭火力発電と天然ガス発電、バイオガス発電で変動に対応する。揚水発電をはじめエネルギーを貯蔵する容量がまだ十分ではない。今必要なのは、電気の需要に応じて発電電力量を調整する調整力と待機（スタンバイ）する予備力だ。ドイツ政府はそのため、発電力量を調整しやすい天然ガス発電を過渡的に増大させる。再エネ発電と組み合わせ、変動に対応する発電容量に資金が流れるようにするため、「組み合わせ型容量市場」も導入する計画だ。調整力と予備力となる発電所は、常に発電するわけではない。電気を売るだけでは、資金不足に陥る。発電所を維持するお金も必要になるからだ。

フル稼働が原則の原子力発電はもう、必要なくなっている。

（はんげんぱつ新聞第558号、2024年9月20日掲載。今回、本書用に一部更新）

18　原発の町から普通の町に

2023年4月15日は、記念すべき日となる。ドイツにおいてまだ発電していた原発3基が停止する。一般的にはそれとともに、ドイツの脱原発は達成されたともいえる。しかしドイツにはまだ、ウランを濃縮する工場と核燃料棒からなる燃料集合体を製造する工場がある。研究炉も動いている。原子力関連施設がこれで、すべて停止されたわけではない。

商用炉の廃炉と放射性廃棄物の最終処分にも、まだ長い時間がかかる。ドイツは、核のゴミを最終処分する期間を100万年と規定している。最終的に原発による放射能汚染から解放されるには、まだ気の遠くなるような時間がかかる。

それとは別に、これまで原発が立地していた自治体がどうなるのかも気になるところ。原発の立地とともに原発の町となり、税収が増大し、莫大な補助金などの資金援助も得てきたはずだ。原発がなくなったらどうなるのか。日本人から見ると、心配になるのも仕方がない。日本ではこれでもかと、原発の町に資金が流れている。

ドイツの原発立地自治体ではすでに述べたように、原発による営業収益に対して課税される地方税の営業税による税収だけが増える（第15項参照）。原発は一種の巨大産業。営業税だけといっても、地方自治体にとってはたいへん大きな収入源だ。原発だからと、必ずしも優遇されてきたわけではない。大きな自動車製造工場が小さな自治体に誘致されても、同じことがいえる。この点は、日本とは事情が違う。はっきりさせておきたい。

ドイツでは2011年8月、1980年末までに稼働していた原発8基が法的に停止される（第7項の註1を参照）。それは、日本で起こったフクシマ原発事故に起因する政治決定だった。停止が最終決定される前の5月、停止対象となるフィリップスブルク原発1号機のあるドイツ南西部の町フィリップスブルクのマルトゥス町長と話したことがある。

町長は、確かに原発が止まるのは町の財政上痛手だとしながらも、止めるなら早く止めると決断してもらったほうがありがたいと話してくれた。町には、原発以外にも産業がある。さらに新しい産業を誘致して、町の豊かさを維持、拡大することを考えればいいだけだという。将来に対して楽観的だった。ぼくはちょっと戸惑った。もっともな論理だが、〝金のなる木〟をクールに諦められるのかと、感心したのを覚えている。

2023年4月はじめ、ぼくはドイツ南西部の町ネッカーヴェストハイムに向かった。そこには、ドイツで最後に停止する3基の原発の一つネッカーヴェストハイム原発2号機がある。ヨッヒェン・ヴィンクラー町長に会う。

ネッカーヴェストハイム町の人口は約4000人。日本でいえば村のようなものだ。小さな

ドイツ南西部にあるネッカーヴェストハイム原発
写真は、ネッカーヴェストハイムの町役場前の道路から撮影する
向かって左側の白いドームが、2023 年 4 月 15 日に最終停止した 2 号機
右側のドームは 1 号機で、2011 年に停止
両機では現在、廃炉作業が行われている

町に原発があるのだから、原発から得る営業税税収は小自治体にとり、とても大きい。町では２０１１年３月のフクシマ原発事故後、前述したフィリップスブルク原発１号機と同時に、１号機が停止している。

　ヴィンクラー町長は、原発停止は町の財政にとって大きな痛手だという。しかし悲観的ではない。２号機が停止しても、営業税税収がすぐにゼロになるわけではない。廃炉作業が行われている間、従業員の給与税納付がある。その間町に、営業税も支払われる。廃炉作業の進行とともに、従業員の数は減少していく。税収も少なくなる。しかし廃炉作業が終了するまでには、まだ時間がある。町長はそれまでに、町の財政を再建する準備をすると強調する。

支出をできるだけ抑え、学校やスポーツ施設、その他町のインフラをこれまで通り、維持できればいい。「町の財政をドイツの平均的な自治体のレベルに保持できるようにするのが、今後の課題だ」と語る。町長の口ぶりから、原発の町は支出を抑える努力を必要とせず、原発からのお金によって財政が過剰な状態だったのが読み取れる。原発の灯が消えるとともに、徹底して節約しなければならない。原発のない自治体では、当然の話ではないのか。町長はそういわんばかりだった。ぼくはヴィンクラー町長の話を聞いていて、原発によって豊かになった「原発の町」が、「普通の町」に戻るのだと思った。

原発の立地する日本の自治体は、ドイツの自治体とは比較できないほどの資金援助を受けている。過剰もいいところ。援助がなくなると、仕組みが機能しない。自治体として健全な財政を維持することを忘れ、補助漬けの状態にさせられている。もう抜け出せない。原発という〝金のなる木〟を失うのが怖い。日本で自治体が、原発の廃止に反対する根拠だ。ドイツとは、あまりにも事情が異なる。

他の自治体からすれば、支出を抑えて財政規律を維持していくのは、自治体として自明の話。しかし原発の町は原発から甘い汁を吸い続け、財政が巨大化する。過剰なインフラを維持するだけでも、莫大な予算が必要になる。目先の豊かさだけを追い続けてきたツケだ。原発は永久に存続するものではない。しかし、原発がなくなった後の自治体の未来像までは考えない。いや、考えられない。原発の恩恵を受けない次の世代のことも考えて自治体を持続的に維持するには、今原発があるほうがいいのか、ないほうがいいのか。どちらが将来のためになるのだろうか。日本の自治体首長に聞いてみたい。

日本の原発の町では、補助漬けでお金に対する感覚が麻痺している。日本の原発の町はもう、普通の自治体には戻れないのだと思う。国策として原発を維持するため、〝中毒状態〟にさせられ続ける。

ぼくは最後にドイツの原発の町の町長に、原発の跡地をどうするつもりかと聞いた。緑地化するのかとも。ヴィンクラー町長はすぐに、「工業団地にしたい」と答える。原発敷地周辺には、道路などインフラが整備されている。それを効果的に利用して工業団地をつくり、企業を誘致するのだという。

健全に考えているなあと思った。

19　原発を記念碑として残すべきか？

ドイツは現在、住民参加の形で高レベル放射性廃棄物の最終処分候補地を選定するプロセスに入っている。最終処分は長期に渡る。それだけに、最終処分地に関連するデータと図書を後世の世代に残しておくことがとても重要になる。最終処分の問題に関して連邦議会（下院）内に超党派で設置された高レベル放射性廃棄物処分委員会の最終報告書（B部6・7・3項）は、最終処分に関するデータと図書を最低20の異なる場所に長期間保管するよう勧告している。保管期間として、５００年が目安だとされている。

最終処分に関するデータと図書の保管問題と連結して議論されはじめているのが、原子力発電の歴史を記憶しておくための場を残しておくべきではないかという考えだ。データや図書だけではなく、現物の原発を遺産として残しておいたほうがわかりやすい。原発を文化遺産として、『記念碑』の形で残しておくべきだということだ。ドイツの原発では、廃炉がはじまっている。それだけに原発を記念碑として残すには、早急に対策を講じなければならない。

２０２４年7月ベルリンの技術博物館において、最終処分地の選定と運用を監督するドイツ放射性廃棄物処分安全庁（ＢＡＳＥ）が主催して、「原発を記念碑として残しておくべきか？」

というシンポジウムが開催される。サブタイトルは、「原発を記憶の場と知識を保存する場としてどう利用できるか?」だった。

基調講演では、

+原発に関連する場所がドイツ全土で、どう分散されているか
+原発を芸術的に見ると、どういう意味があるか
+原発という建築は景観上、どういう意味があるか
+文化遺産として保護するのに、どういう問題があるか
+歴史的にどういう意味があるか
+安全上どういう問題があるか

などについて報告される。

すべての原発を記念碑として残すのは無理な話。残すとしても、原子力関連施設の10か20だ。ドイツには、原子力開発と発電に関係のある場所が80か所ある。すでに何らかの形で残されている。ただそれらは、現地に係る特有の施設として個別に保存されているにすぎない。原発を記念碑にというのは、地元に特化された個別のものではなく、原発を産業の一端を担った

ものとして残し、原子力発電の過去を総合的、歴史的に伝えたほうがいいのではないかというアイディアに基づく。

ぼくは軍事目的の原爆開発からはじめ、もっと原子力全体について伝えるべきだと思う。戦中のドイツの原爆開発において動力炉の開発も行われ、原子力をエネルギーとして利用することも想定されている。反対運動についても、記録を残してほしい。

シンポジウムでは、8年間に渡って原発の跡地や廃炉中の原発などの写真を撮り続けたベルンハルト・ルーデェヴィヒの写真も紹介された。ただ実物の原発が残っていたほうが、現実味が格段に違う。現物を見たほうがわかりやすい。かといって、実際に稼働していた原発をそのまま残すわけにもいかない。稼働していた原発では、格納容器など原発の外枠だけを除染して残すことになると思う。

グラフスヴァルト原発6号機の圧力容器の中
2012年11月末、
ドイツ北東部のグライフスヴァルト原発で撮影

貴重な存在は、廃炉中のグライフスヴァルト原発6号機だ。6号機は完成した。しかしドイツ統一直後、旧東ドイツの原発をすべて廃炉にすることが政治決定される。6号機は臨界しないまま、現物が残ったままになっている。ぼくは、その圧力容器の中に入ったことがある。旧ソ連型の原発だが、とても貴重な体験だった。グライフスヴァルト原発の立地するルブミン（旧東ドイツ）には、住民の一部に6号機を残すべきだという運動もあるという。

原発の姿が残ってしまうので、地元住民の支持なくして記念碑として残すわけにはいかない。しかしぼくは、原発を産業史の一部、技術開発史の一部として残し、産業技術開発における汚点の一つとして後世世代に伝えるのは、意義のあることだと思う。シンポジウムには、文化遺産保護の自治体関係者なども参加していた。原発を文化遺産として残すためには、いろいろ乗り越えなければならない法的なハードルがあることもわかる。ドイツ全体で、社会的、政治的に早急に議論すべきテーマだと思う。

20　最終処分図書を保管する

前項19「原発を記念碑として残すべきか？」において、ドイツでは最終処分に関するデータと図書を最低500年間保管することになっていると書いた。最終処分の問題に関して、連邦議会高レベル放射性廃棄物処分委員会の最終報告書（B部6・7・3項）が、そう勧告している。

核のゴミの最終処分は長期に渡る。最終処分地に関連するデータと図書を後世の世代に残し

地層処分調査目的に岩塩層に設置された地下坑道
ドイツ北部のゴアレーベン調査坑で撮影
なおゴアレーベンの岩塩層は、最終処分には適さないとして
最終処分候補地から除外される

ておくのはとても重要だ。ただ、関連図書を500年保管しておくだけでいいのだろうか。

500年というのは、地層処分してから最初の500年間、放射性廃棄物を掘り起こす可能性を残しておくことが法的に規定されているからだ。掘り起こす可能性のある期間に、データや図書が残っておれば十分ということになる。

500年を過ぎると、核のゴミは地層に密封される。法的に規定された100万年の間、放射性廃棄物は地層に静かに保管される。もう誰も近づくことはできない。

最終処分図書の保存期間は、科学的に検証され、議論されて決まった。最終処分に規定された100万年という年月は、とてつもなく長い。核のゴミが封鎖されている期間、地層で何が起こるかわからない。地層が動く可能性もある。現在の科学には、正確に予測できない問題ではないか。リスクは、ごく小さいかもしれない。しかしぼくは、リスクを担保しておきべきだと考える。最終処分地に関する図書は、最終処分の期間中いつでも閲覧できるように残しておきたい。それが、原子力を利用してきたぼくたち世代の責任だ。

問題になるのは、100万年後の世代が現在の図書で使われている言語を理解できるかと、図書をどう保管するのかだ。図書の存在を100万年もの間、どう継承していくのかも考えなければならない。

この問題は、現段階の学術レベルでは解決できない可能性が高い。放射性廃棄物の存在を次の世代から次の世代に伝えていくためのルール造りだけでもしておくべきではないだろうか。ぼくはそう思っている。

21　ドイツの脱原発から何を学ぶ?

ぼくは、ドイツがなぜ脱原発を実現できたのかを検証してきた。脱原発は短期に実現しても持続性がない。長いプロセスによって脱原発を実現しない限り、脱原発が定着しないことがわかった。長いプロセスの間に、政治も民意も変わる可能性がある。それでも脱原発を貫徹するためには、いろいろな要因が必要であった。

日本とドイツの間には、脱原発に向けた条件に大きな違いがある。ドイツには、日本でいう〝原子力ムラ〟のような構造はない。原発立地自治体も、日本のように補助漬けにされていない。この違いは日本にとり、脱原発に向けて大きな障害になる。日本が中央集権化されているのに対し、ドイツが地方分権化されている。この相違はドイツの脱原発には、政治的、経済的に有利な条件だった。

日本と違いドイツには、脱原発を実現しやすい要因がいくつもあったことがわかる。しかしぼくはそれをはっきりさせるために、ドイツで脱原発が可能となった要因を検証したわけではない。ドイツの脱原発の要因をまとめたのは、ドイツから何か学ぶことがないかと思ったからだ。ドイツの脱原発から、何を学ぶことができるのか。たとえばこれまで書いたように、再生可能エネルギーの拡大が重要な要因になる。

それだけではない。ぼくがドイツの脱原発の要因を検証して感じたのは、原発に対する見方が違っても、相手を無視するのではなく、お互いに尊重して「対話する」、「話し合う」がキーワードになるということだ。

たとえばドイツ政府は２０００年に、原発を有する電力会社と脱原発で話し合った。それが、ドイツの脱原発の政治的基点になる。2011年の東日本大震災・福島第一原発事故後に設置された倫理委員会において、社会からいろいろな分野の人たちが集まって話し合ったのもそうだ。１９８６年のチェルノブイリ原発事故後も旧西ドイツの市民社会では、市民が原発の問題について議論している。ドイツ南西部のシェーナウでは、市民が原発に反対して市民電力会社を設立する。市民は地元で、再エネ化に反対する企業と市民を地道に説得して、地元から再エネを普及させる。

こういうと、反原発活動家は「甘い」というのではないかと思う。政府や経済界に徹底して抵抗しないと、脱原発は可能にならない。そう主張するはずだ。政治と経済は権力を盾に、反原発派を無視する。話し合っても意味がない、無駄だといわれるのも間違いない。原発に民主主義はない。だから戦うのだ。

しかし第三者のぼくから見ると、ドイツの脱原発は、対話があったからこそ実現できた。事実は変えようがない。

脱原発後においても、放射性廃棄物を国内で最終処分する問題は、国の思うままにされるのがオチだと活動家は主張する。原発に反対してきた活動家は、住民参加による最終処分候補地の選定プロセスからも距離を置いている。しかし国内最終処分の問題は、反対しても先には進まない。国内で候補地を見つけなければならない。市民と国が社会全体の課題として話し合って対話しない限り、最終処分候補地を選定することはできない。最終処分をより安全に行うこともできない。

先日偶然、『原子力の民主主義（Atomare Demokratie）』という本があることを知った。ドイツの原子力の歴史について書いた本だ。著者は、フランク・ウゥケエターという歴史家。環境や農業、技術などの歴史研究が専門だという。現在、ドイツ・ボッフム大学の教授だ。

教授がベルリンで本の朗読会をするという。いってみることにした。教授が最後に述べたことばは、ぼくの感じていたこととまったく同じだった。教授はいう。「みなさん、異なる意見を持っていても、一緒に話し合いましょう、対話をしましょう。それが、ドイツで脱原発を可能にしたのです」。

教授はなぜ、それを「民主主義」と呼ぶのか。民主主義は、単に多数決で決めることではない。異なる意見を尊重して、お互いに譲れるところは譲って、誰もが納得できるように一つにまとめる。それが民主主義だ。対話によってしか得られない。

すぐに反原発活動家から、猛烈に反発する意見が出る。直後に、男性が一人立ち上がってコメントする。男性は、ゴアレーベンの放射性廃棄物処分施設に反対する運動に参加していた。しかしそのうちに、おかしいと思って脱会する。原発反対運動では、自分たちの主張に合う都合のいい情報しか集めない。他の意見には耳を傾けない。自分たちの説を押し通し、議論しない。脱会したのは、それがいやになったからだと語る。

男性の話した体験は、ぼくも感じている。一方的に原発に反対する情報だけを見ているだけでは、自分の意見も偏ってしまう。原発に反対するにしても、自分たちだけで満足するのではなく、一般市民に原発の問題をどう伝え、どう理解してもらうかも考える必要がある。そうしない限り、一般市民はついてこない。一般市民と対話することもできない。

市民と対話ができれば、脱原発のために底辺を広げていくことができる。長い脱原発のプロセスにおいて、いろいろなレベルにおいて異なる意見をぶつけ合って対話する。それが最終的に、脱原発に結びつく。

ぼくは、ドイツの脱原発からこう学んだ。

22　核エネルギー市民対話

ぼくは前項21「ドイツの脱原発から何を学ぶ?」において、ドイツの脱原発から学ぶとすると、意見の異なる勢力がともに対話することだと書いた。一つの例として、脱原発を求める政府と原発を保有する電力会社が対話し、脱原発で合意したことを挙げることができる。

旧西ドイツでは原子力発電をはじめる一番最初の段階で、原発を推進したい政府とそれに反対する市民が対話する枠組みも設けられている。それを「核エネルギー市民対話」といった。

１９７０年代はじめ西ドイツ南西部のヴィールにおいて、原発の建設計画に反対する運動が激しくなる。それをきっかけに、政府の担当大臣だったハンス・マトホェーファー研究技術大臣のイニシアチブではじまる。当時西ドイツ政府は、ブラント政権とシュミット政権。社民党を中心とした中道左派政権だった。

市民対話は、法的拘束力のあるものではない。ドイツでは法規定にしたがい、各地域の土地利用目的を整理する建設基準計画を策定する時、住民参加で行うことが義務付けられている。それを補足する手法として、市民対話が取り入れられる。

核エネルギー市民対話は、原発を推進したい政府と原発に批判的な市民がオープンに討論する場となる。何らかの結果を求めるものではない。政府は市民との対話によって、原子力利用の利点をアピールし、原子力発電に対して社会のアクセプタンスを得ることを目論んだ。

対話には、担当大臣など政府の代表、原子力関連科学者、環境団体の代表などが参加する。政府主導の市民対話以外にも、政府は原発問題に関して市民対話を促進するため、１２００に及ぶ第三者主催のイベントにも助成金を出している。

核エネルギー市民対話は１９７０年前半から、原発の建設を推進する目的で行われる。しかし時間が経つにつれ、放射性廃棄物処分に対するアクセプタンスを得る方向に変わっていく。

市民対話の中心は、放射性廃棄物の総合施設を建設しようとした西ドイツ北東部のゴアレーベンに移る。旧西ドイツ社会の反原発運動の象徴となった地だ。

しかし政府は１９８２年末、市民に黙ってゴアレーベンに放射性廃棄物の総合施設を建設することを内々に決定する。それが明らかになると、市民側は対話する意味がないと対話をボイコット。１９８３年以降、市民対話はもう開催されなくなる。

「核エネルギー市民対話」と並行して、
原子力利用の現実を知ってもらうために作成された
情報冊子『核エネルギー』
全体で 40 万部発行されている

最終処分地の選定と最終処分の実施を監督するドイツ政府の放射性廃棄物処分安全庁（ＢＡＳＥ）は、核エネルギー市民対話が行われた１９７４年から１９８３年までを記録して、それを社会学的に評価するプロジェクトを委託する。政府が市民と対話を求めた過去の知見を得て再評価し、過去の体験を住民参加による最終処分地選定プロセスに活かすためだ。

プロジェクトは5年かけて行われ、最終報告書が2024年4月に公開される。半年後の10月、最終報告書を紹介するイベントがBASEで行われる。市民対話がはじまってから、半世紀も経つ。会場には、当時市民対話に参加した生き証人の顔がいくつも見られる。ヨーゼフ・ライネンは、環境団体の代表として市民対話に参加。当時を思い出し、「すぐに原子力に代わる代替エネルギーに関して、いろいろ議論されたのは驚きだった」と語る。今から思うと、市民対話における一つの重要なポイントだったと話す。

オルトヴィン・レン教授はプロジェクトにおいて、社会学の立場から市民対話を評価する。政府と市民社会がオープンに話し合ったのは、画期的なことだった。しかし1982年、中道左派のシュミット政権から中道右派のコール政権に政権交代する。政府は市民と対話することに関心を失う。市民対話は最終的に失敗する。その結果、政府は市民から信頼も失ってしまう。その代償は非常に大きい。しかし最終報告書は、市民対話によって市民側に原子力に関する知識と知見が蓄積され、その後の反対運動にたいへん役立ったとも評する。

過去の市民対話の経験を、住民参加による最終処分候補地の選定にどう活かすのか。候補地を提案する政府と政府機関、それに対し候補地に選ばれる地元地域社会の間で信頼関係を築けるのかどうか。それが、選定プロセスにおいて一番重要なポイントになる。

進行中の選定プロセスを見ていると、政府側は誠実かつ慎重に対応している。しかし一旦失った信頼を回復するのは、簡単なことではない。反原発運動をしてきた人で、現在のプロセスに参加にしている人は少ない。住民参加プロセスにおいて積極的に活動しているのはむしろ、最終処分候補地に選ばれそうな自治体関係者や地域住民など。これまで反対運動をしてこなかった市民だといってもいい。

最終処分候補地の名前が具体的に挙がると、地元を中心に過熱するのは明らか。その時、築いてきた信頼は維持されるのか。とても難しい課題だと思う。しかしトライし続けない限り、信頼を得ることはできない。

ぼくはドイツにいるが、日本の現実をそれなりに把握している。ドイツで行われているオープンなプロセスを見るにつけ、羨ましくて仕方がない。その違いにいつも、すごいなあと感心している。

日本でドイツと同じことができるかとなると、政治と市民社会の地盤があまりにも違いすぎる。日本では今のところ、対話は不可能としかいいようがない。官僚は市民を小馬鹿にして、相手にしない。市民は官僚と政治を信用しない。対話は成り立たない。日本社会にパラダイムシフトが起こらなければならないと思う。

日本でどうすれば、対等の対話が可能になるのか。ぼくにはまだわからない。日本ではまだ不可能なことがドイツで起こっていたこと、行われていることを紹介することくらいしか、ぼくにはできない。まず伝えることだと思う。

23　今だからこそ、脱原発について考える

ドイツでなぜ、脱原発が可能になったのか。それを検証するきっかけになったのは、原子力資料情報室（ＣＮＩＣ）から月報『通信』のために、ドイツが脱原発を達成できた歴史的要因についてまとめてほしいという依頼があったからだ。しかしこのテーマで、コンパクトにまとめるのはかなり難しい問題だった。文字数に制限がある。記事を書いた後、十分に説明できなかったと、いろいろ気になりはじめる。

そのためぼくのホームページである『ベルリン＠対話工房』において、文字制限なしに自分の思うようにドイツ脱原発の背景を新たに検証して連載する。本書はそれが完結したので『検証：ドイツはなぜ、脱原発できたのか？』としてまとめ、さらに手を加えたものだ。ドイツから出版するには、電子書籍のほうが格段に簡単。電子書籍を選んだ。日本の出版界において紙の原料となる木に関して、持続的な森林管理を認証するＦＳＣマークがほとんど普及していないことも、電子書籍とした理由だ。

世界では今、原発に追い風が吹き荒れている。気候変動対策の一環で、原発を拡大して２０５０年までに脱炭素化を実現しようという思惑だ。それを盾に、原発を復活させようとする試みが目立っている。原子力発電の発電容量を２０５０年までに、世界全体で3倍にしたいという。

原発に頼るにも、原発に必要な原子炉圧力容器などの機器を製造するには限界がある。原発の発電容量は、そう早急に拡大できるものはできない。原発を建設するには順調に進んでも、計画から15年から20年以上もかかる。それに対し、再エネの発電設備は数か月で完成する。原発新設の投資額も、再エネとは比較にならないくらいに大きい。すでに述べたように、発電電力量が一定の原発と、天候に左右されて発電電力量に変動の大きい再エネは両立しない。

まだ実現可能かどうかもはっきりしない小型モジュール炉（ＳＭＲ）に対しても、過大な期待が持たれている。開発段階のＳＭＲではまだ、シビアアクシデント（重大事故）における事故解析が行われていない。ＳＭＲから排出される放射性廃棄物がどの程度汚染されているのか、どれくらいの排出量になるのかもわかっていない。それでは、まだ解決されていない放射性廃棄物処分の問題を混乱させるだけではないか。ＳＭＲの最初の建設計画は、採算性が合わないと米国で頓挫した。やっぱりねと思う。原発が巨大化したのは、1キロワット時あたりの発電コストを削減するためだった。小型のＳＭＲによって、安く発電できるとは思えない。

現実を見ないで、原発拡大に走るのは無謀だ。幻想としかいいようがない。近い将来、原発に依存しても気候変動対策にならないことがわかってからでは遅い。その時、軌道修正できるほどの時間的な余裕はもう残されていない。気候変動は待ってくれない。

世界は現在、原発か否かで意見が分かれ、緊迫した状況に置かれている。それだけに今、気候変動の問題と脱原発の必要性について、事実に基づいてしっかりと議論することが求められる。原発に追い風が吹いているのは、原発の問題に関して正確な情報が伝えられず、知られていないからだ。原発推進への機運に押されるばかりでなく、原発が気候変動対策とはならないこと、むしろ脱原発によって再エネを拡大させたほうが脱炭素化につながることをしっかりと議論する必要がある。そのほうが、世代間にも公平さをもたらす。原発のことばかりでなく、脱原発に対しても先入観に捕らわれず、ぼくたちが直面している問題を分け隔てなく把握し、将来のためにどうすべきなのか。事実をしっかりと見つめたい。

それが、原発推進への強い流れに立ち向かう最も適切な方法だと思う。ドイツの脱原発の体験から書いた本書が少しでも、役立てばと思う。

なお本書では、敬称を省略せせていただいた。

２０２４年2月、ドイツ・ベルリンから　まさお

24 紙の本出版にあたり

ドイツが脱原発できた要因を検証して、しっかり伝えておこう。そう思って、ホームページで連載した記事をまとめて出したのが電子書籍だった。フクシマ原発事故で脱原発を決めたドイツとか、倫理から原発を止めたドイツと、日本においてやたらにドイツの脱原発が美化されている。ドイツにいるぼくには、それに抵抗がある。ドイツはそれだけでは、脱原発を実現できなかった。

原子力発電をはじめると、原発はすぐに止めることのできるものではない。脱原発にも長いプロセスが必要となる。長い過程においては、いろいろなことが起こる。それに屈せずに、何が起ころうと脱原発を貫徹するには、ドイツの体験から見るといくつもの要因があった。

脱原発は、政治的、法的、経済的、社会的な要因が揃わないと実現しない。長い脱原発のプロセスにおいて、社会は原発を必要としない社会へと変化していかなければならない。それは同時に、原発に依存せずに、社会を脱炭素化させていくプロセスでもある。

ぼくはそう思って、ドイツの脱原発の体験を電子書籍としてまとめておこうと思った。しかしその後、事態が急激に変化する。世界では、原発を気候変動政策と脱炭素化の基盤におく傾向が強まっている。原発の新設に向け、事前に資金調達して電力会社の投資リスクを軽減する手法（ＲＡＢ（Restricted Asset Base）モデル）を導入しようとする国も増える。日本も、世界の兆候に乗っかる模様だ。

ぼくは本書で、今原発に依存すると気候変動対策に失敗し、それに気がついた時にはもう手遅れになっていると警告した。その現実をもっと広く知ってもらわなければならない。新しい情報を得たり、取材したことで、10か月前に出した電子書籍の内容でさえ、時代の流れから取り残されたように感じはじめる。更新したほうがいい。そう思うようになった。その間電子書籍を更新してＰＤＦファイルにし、ぼくのサイト「ベルリン＠対話工房」で公開したりもした。

しかし情報の溢れるネット上で、無名のぼくの電子書籍やＰＤＦファイルを見つけてもらえるチャンスは小さい。紙の本にするほうが、見つけてもらいやすいかもしれない。発表できる媒体をできるだけ多様に利用したい。そう思って、次は紙の本にしようかと思うようになる。

紙の本にするなら、森林を守るために持続可能な形でつくられた紙であることを認証するＦＳＣ（Forest Stewardship Council）マークのついた紙を使いたい。本書は脱原発だけではなく、間接的に気候変動問題についても述べている。それでいてFSCマークなしで出版すると、本に説得力がない。

FSCマーク付きの紙で出版するのは、ドイツの出版界では当たり前。しかし日本の出版界では、ほとんど使われていない。FSCジャパンに問い合わせてみる。FSC認証された印刷所が日本でも増え、90社以上にのぼる。FSC認証された印刷所に印刷と製本を依頼すれば、FSCマーク付きで出版できるという。

偶然、ぼくの友人や知人の本を手がけたあけび書房という出版社があるのを知った。ホームページに「あけび憲章」というのがある。内容がぼくの考えていることによくマッチする。問い合わせてみる。

岡林信一代表からすぐに連絡がくる。これまでの出版社と違い、FSCマークに対する躊躇がない。こうした縁で、岡林代表にはぼくのわがままを聞いていただくことになる。代表の寛大な対応がない限り、この本は実現できなかったと思う。この場を借りて、心から感謝したい。

本は、ぼくが30年以上に渡り原発に係る問題についてドイツと中東欧諸国で取材してきた一つの集大成でもある。その間いろいろな方に取材させていただき、貴重な情報とご意見を頂戴してきた。ぼくの原発に対する今の考えは、たくさんの方から伺った意見の蓄積が基盤になっている。その方たちの意見や考えなくして、今のぼくはない。深くお礼申し上げたい。
この本をきっかけに、日本において脱原発に向かって対話する機会が少しでも増えてくれればいいと思う。

2024年12月、ドイツ・ベルリンにて
まさお

1988年5月5日廃炉許可
2010年5月17日原子力法管轄外、2010年9月24日緑地化終了

(出所:ドイツ放射性廃棄物処分安全庁発行『ドイツの原子力施設一覧 付属文書「廃炉」』。一部、同庁原子炉安全放射線防護マニュアルから筆者が補記した。2024年11月時点)

クリュムメル原発
シュレスヴィヒ・ホルシュタイン州
KWU 社建設沸騰水型炉、総出力 140.2 万 kW
1983 年 9 月 14 日臨界、1984 年商用運転開始
2011 年 8 月 6 日停止（註）
2024 年 6 月 20 日廃炉許可（2038 年までに廃炉作業終了の予定）

（註）実際には、2011 年 3 月中に停止していた。福島第一原発事故後の 3 月 14 日、当時のメルケル首相は稼働中 17 基の原発を停止させ、安全性をチェックすることを決定する。しかしその時点で、1980 年末までに商用運転を開始していた古い原発 7 基と事故の続くクリュムメル原発については（合計 8 基）、最終的に停止させることが決定されている。その後倫理委員会の答申を待ってメルケル首相は、前年秋にドイツの原発の最終停止時期を延期したことを撤回する。そのためには法的な手続きが必要になり、8 基は法的に 2011 年 8 月 6 日に停止したことになる。

（3）廃炉作業を終了したか、原子力法の管轄外となった原発

グロスヴェルツハイム過熱水蒸気炉（実証炉）
バイエルン州
過熱水蒸気炉、総出力 2.5 万 kW
1969 年 10 月 14 日臨界、1970 年運転開始
1971 年 4 月 20 日停止
1983 年 2 月 16 日廃炉許可
1998 年 5 月 14 日原子力法管轄外、1998 年 10 月 15 日緑地化終了

ニーダーアイヒバッハ原発（実証炉）
バイエルン州
ガス冷却炉、総出力 10.6 万 kW
1972 年 12 月 17 日臨界、1973 年運転開始
1974 年 7 月 31 日停止
1975 年 10 月 21 日廃炉許可
1994 年 8 月 17 日原子力法管轄外、1995 年 8 月 17 日緑地化終了

カール実証原発
バイエルン州
沸騰水型炉、総出力 1.6 万 kW
1960 年 11 月 13 日臨界、1962 年運転開始
1985 年 11 月 25 日停止

2023 年 4 月 15 日停止
2024 年 9 月 26 日廃炉許可

ユーリヒ合同実証炉
ノルトライン・ヴェストファーレン州
高温炉、総出力 1.5 万 kW
1966 年 8 月 26 日臨界、1969 年運転開始
1988 年 12 月 31 日停止
1994 年 3 月 9 日廃炉許可

トリウム高温炉
ノルトライン・ヴェストファーレン州ハム
高温炉、総出力 30.8 万 kW
1983 年 9 月 13 日臨界、1987 年運転開始
1988 年 9 月 23 日停止
1993 年 10 月 22 日廃炉許可

ヴュルガッセン原発
ノルトライン・ヴェストファーレン州
AEW/KWU 社建設沸騰水型炉、総出力 67 万 kW
1971 年 10 月 22 日臨界、1975 年商用運転開始
1994 年 8 月 26 日停止
1995 年 5 月 29 日炉心シュラウドの亀裂で廃炉決定
1997 年 4 月 14 日廃炉許可

ミュルハイム・ケアリヒ原発
ラインラント・プファルツ州
バブコック - BBC 社建設加圧水型炉、総出力 130.2 万 kW
1986 年 3 月 1 日臨界、1987 年商用運転開始
1988 年 9 月 9 日停止
（建設許認可手続きの不備から、再稼働不許可判決）
2004 年 7 月 16 日廃炉許可

ブルンスビュッテル原発
シュレスヴィヒ・ホルシュタイン州
AEG/KWU 社建設沸騰水型炉、総出力 80.6 万 kW
1976 年 6 月 23 日臨界、1977 年商用運転開始
2011 年 8 月 6 日停止（註）
2018 年 12 月 21 日廃炉許可

グライフスヴァルト原発5号機
　メクレンブルク・フォアポムメルン州（旧東ドイツ）
　旧ソ連製加圧水型炉WWER、総出44万kW
　1989年3月26日臨界、商用運転せず
　1989年11月30日停止
　1995年6月30日廃炉許可

グローンデ原発
　ニーダーザクセン州
　KWU社建設加圧水型炉、総出力143万kW
　1984年9月1日臨界、1985年商用運転開始
　2021年12月31日停止
　2017年10月26日廃炉申請
　2023年12月6日廃炉許可

リンゲン原発（実証炉）
　ニーダーザクセン州
　AEW社建設沸騰水型炉、総出力25.2万kW
　1968年1月31日臨界、1986年商用運転開始
　1977年1月5日停止
　1985年11月21日廃炉許可

シュターデ原発
　ニーダーザクセン州
　ジーメンス/KWU社建設加圧水型炉、総出力67.2万kW
　1972年1月8日臨界、1972年商用運転開始
　2003年11月14日停止
　2005年9月7日廃炉許可

ウンターヴェーザー原発
　ニーダーザクセン州
　ジーメンス/KWU社建設加圧水型炉、総出力141万kW
　1978年9月16日臨界、1979年商用運転開始
　2011年8月6日停止（註）
　2018年2月5日廃炉許可

エムスラント原発
　ニーダーザクセン州
　KWU社建設加圧水型炉、総出力140.6万kW
　1988年4月14日臨界、1988年商用運転開始

ジーメンス/KWU社建設加圧水型炉、総出力122.5万kW
1974年7月16日臨界、1975年商用運転開始
2011年8月6日停止（註）
2017年3月30日廃炉許可

ビブリース原発B号機
ヘッセン州
ジーメンス/KWU社建設加圧水型炉、総出力130万kW
1976年3月25日臨界、1977年商用運転開始
2011年8月6日停止（註）
2017年3月30日廃炉許可

グライフスヴァルト原発1号機
メクレンブルク・フォアポムメルン州（旧東ドイツ）
旧ソ連製加圧水型炉WWER（ラテン文字転写ではVVER、以下同）、
総出44万kW
1973年12月3日臨界、1974年商用運転開始
1990年12月18日停止
1995年6月30日廃炉許可

グライフスヴァルト原発2号機
メクレンブルク・フォアポムメルン州（旧東ドイツ）
旧ソ連製加圧水型炉WWER、総出44万kW
1974年12月3日臨界、1975年商用運転開始
1990年2月14日停止
1995年6月30日廃炉許可

グライフスヴァルト原発3号機
メクレンブルク・フォアポムメルン州（旧東ドイツ）
旧ソ連製加圧水型炉WWER、総出44万kW
1977年10月6日臨界、1978年商用運転開始
1990年2月28日停止
1995年6月30日廃炉許可

グライフスヴァルト原発4号機
メクレンブルク・フォアポムメルン州（旧東ドイツ）
旧ソ連製加圧水型炉WWER、総出44万kW
1979年7月22日臨界、1979年商用運転開始
1990年6月2日停止
1995年6月30日廃炉許可

2017年1月17日廃炉許可

イザール原発2号機
バイエルン州
KWU社建設加圧水型炉、総出力148.5万kW
1988年1月15日臨界、1988年商用運転開始
2023年4月15日停止
2019年7月1日廃炉申請
2024年3月21日廃炉許可

グントレムミンゲン原発A号機
バイエルン州
AEW社建設沸騰水型炉、総出力25万kW
1966年8月14日臨界、1967年商用運転開始
1977年1月13日停止
1983年5月26日廃炉許可

グラーフェンラインフェルト原発
バイエルン州
KWU社建設加圧水型炉、総出力134.5万kW
1981年12月9日臨界、1982年商用運転開始
2015年6月27日停止
2018年4月11日廃炉許可

グントレムミンゲン原発B号機
バイエルン州
KWU社建設沸騰水型炉、総出力134.4万kW
1984年3月9日臨界、1984年商用運転開始
2017年12月31日停止
2019年3月19日廃炉許可

グントレムミンゲン原発C号機
バイエルン州
KWU社建設沸騰水型炉、総出力134.4万kW
1984年10月26日臨界、1985年商用運転開始
2021年12月31日停止
2021年5月26日廃炉許可

ビブリース原発A号機
ヘッセン州

オブリヒハイム原発
バーデン・ヴュルテムベルク州
ジーメンス社建設加圧水型炉、総出力 35.7 万 kW
1968 年 9 月 22 日臨界、1969 年商用運転開始
2005 年 5 月 11 日停止
2008 年 8 月 28 日廃炉許可

ネッカーヴェストハイム原発 1 号機
バーデン・ヴュルテムベルク州
ジーメンス /KWU 社建設加圧水型炉、総出力 84 万 kW
1976 年 5 月 26 日臨界、1976 年商用運転開始
2011 年 8 月 6 日停止（註）
2017 年 2 月 3 日廃炉許可

ネッカーヴェストハイム原発 2 号機
バーデン・ヴュルテムベルク州
KWU 社建設加圧水型炉、総出力 140 万 kW
1988 年 12 月 29 日臨界、1989 年商用運転開始
2023 年 4 月 15 日停止
2023 年 4 月 4 日廃炉許可

フィリップスブルク原発 1 号機
バーデン・ヴュルテムベルク州
KWU 社建設沸騰水型炉、総出力 92.6 万 kW
1979 年 3 月 9 日臨界、1980 年商用運転開始
2011 年 8 月 6 日停止（註）
2017 年 4 月 7 日廃炉許可

フィリップスブルク原発 2 号機
バーデン・ヴュルテムベルク州
KWU 社建設加圧水型炉、総出力 146.8 万 kW
1984 年 12 月 13 日臨界、1985 年商用運転開始
2019 年 12 月 31 日停止
2019 年 12 月 17 日廃炉許可

イザール原発 1 号機
バイエルン州
KWU 社建設沸騰水型炉、総出力 91.2 万 kW
1977 年 11 月 20 日臨界、1979 年商用運転開始
2011 年 8 月 6 日停止（註）

資料

25　ドイツの実証炉と商用炉一覧と廃炉の状況

(1) 最終的に停止したが、廃炉許可が出ていてもまだ廃炉作業が開始されていない原発

ブロックドルフ原発
　シュレスヴィヒ・ホルシュタイン州
　KWU 社建設加圧水型炉、総出力 148 万 kW
　1986 年 10 月 8 日臨界、1986 年商用運転開始
　2021 年 12 月 31 日停止
　2017 年 12 月 1 日廃炉申請
　2024 年 10 月 23 日最初の廃炉（部分）許可

(2) 廃炉作業中の原発

ラインスベルク原発（実証炉）
　ブランデンブルク州（旧東ドイツ）
　旧ソ連製加圧水型炉 WWER（ラテン文字転写では VVER）
　総出力 7 万 kW
　1966 年 3 月 11 日臨界、1966 年商用運転開始
　1990 年 6 月 1 日停止
　1995 年 4 月 28 日廃炉許可

ナトリウム冷却炉（実証炉）
　バーデン・ヴュルテムベルク州
　増殖炉、総出力 2.1 万 kW
　1977 年 10 月 10 日臨界、1979 年運転開始
　1991 年 8 月 23 日停止
　1993 年 8 月 26 日廃炉許可

多目的研究炉（実証炉）
　バーデン・ヴュルテムベルク州
　重水減速・冷却型加圧水型炉、総出力 5.7 万 kW
　1965 年 9 月 29 日臨界、1966 年運転開始
　1984 年 5 月 3 日停止
　1987 年 11 月 17 日廃炉許可

= Forum Energierecht: *11. Deutsches Atomrechtssymposium,* Veranstaltet vom Bundesministerium für Umwelt, Naturschutz und Reaktorsicherheit zusammen mit Hans-Joachim Koch und Alexander Roßnagel, Nomos Verlagsgesellschaft Bade-Baden, 2002
= Prüfung des Weiterbetriebs von Atomkraftwerken aufgrund des Ukraine-Kriegs, BMWK/BMUV, 7. März 2022
= Handbuch Reaktorsicherheit und Strahlenschutz, A.19.1. Kernkraftwerke in Betrieb, Bundesamt für die Sicherheit der nuklearen Entsorgung
= Auflistung kerntechnischer Anlagen in der Bundesrepublik Deutschland, Anlagen „In Stilllegung", Bundesamt für die Sicherheit der nuklearen Entsorgung, Stand: November 2024
= Standortauswahlgesetz (Gesetz zur Suche und Auswahl eines Standortes für ein Endlager für hochradioaktive Abfälle) vom 5. Mai 2017
= *Kommission Lagerung hoch radioaktiver Abfallstoffe: Abschlussbericht Verantwortung für die Zukunft Ein faires und transparentes Verfahren für die Auswahl eines nationalen Endlagerstandortes*, Drucksache 268 der Kommission Lagerung hoch radioaktiver Abfallstoffe Juli 2016
= エネルギー基本計画（原案)、経済産業省資源エネルギー庁、令和5年7月閣議決定、令和6年12月公表
= 山崎正勝、舘野淳、鈴木達治郎編集『証言と検証　福島事故後の原子力　あれから変わったもの、変わらなかったもの』、あけび書房、2023年10月18日
= ふくもとまさお著『ドイツ・低線量被曝から28年　チェルノブイリはおわっていない』、言叢社、2014年3月11日

その他新聞、雑誌、ホームページ：
= Der Spiegel
= Frankfurter Allgemeine Zeitung
= Süddeutsche Zeitung
= Handelsblatt
= 朝日新聞
= 毎日新聞
= 日本経済新聞
= ドイツ電事連（BDEW）（https://www.bdew.de）
= ドイツネットワーク機構（https://www.bundesnetzagentur.de）
= ベルリン@対話工房（https://taiwakobo.de）

26　参考文献

主に参考にした文献は以下の通り。

= Abschlussbericht: Ethikkommission für eine sichere Energieversorgung : *„Deutschlands Energiewende - ein Gemeinschaftswerk für die Zukunft“*, Berlin 30. Mai 2011

= Leitsätze zum Urteil des Ersten Senates vom 6. Dezember 2016, 1 BvR 2821/11, Bundesverfassungsgericht

= Peter Hennicke: *Die Energiewende ist möglich*, S. Fischer-Verlag, 1985

= Klaus Michael Meyer-Abich, Bertram Schefold: *Wie möchten wir in Zukunft leben? Die Sozialverträglichkeit von Energiesystemen*, Band 1 , C. H. Beck, München 1981

= Klaus Michael Meyer-Abich, Bertram Schefold: *Die Grenzen der Atomwirtschaft*, C. H. Beck, München 1986

= klima-for-future.de (https://www.klima-for-future.de/), Internetseite von Dipl.-Ing. Wolf von Fabeck Ehrenvorsitzender des Solarenergie-Fördervereins Deutschland e.V. (SFV)

= Gesetz über die friedliche Verwendung der Kernenergie und den Schutz gegen ihre Gefahren, zuletzt geändert durch Gesetz zur Änderung des Atomgesetzes vom 06.04.1998

= Bundeskabinett verabschiedet Novelle zum Atomgesetz, BMU-Pressemitteilung vom 16.07.1997

= Gesetz zur geordneten Beendigung der Kernenergienutzung zur gewerblichen Erzeugung von Elektrizität vom 22. April 2002

= Gesetz zur geordneten Beendigung der Kernenergienutzung zur gewerblichen Erzeugung von Elektrizität vom 08. Dezember 2010

= Gesetz zur geordneten Beendigung der Kernenergienutzung zur gewerblichen Erzeugung von Elektrizität vom 01. August 2011

= Gesetz zur geordneten Beendigung der Kernenergienutzung zur gewerblichen Erzeugung von Elektrizität vom 04. Dezember 2022

= Auszüge aus der Koalitionsvereinbarung zwischen der SPD und Bündnis 90/die Grünen vom 20.10.1998

= Vereinbarung zwischen der Bundesregierung und den Energieversorgungsunternehmen vom 14. Juni 2000

= Alexander Roßnagel/Gerhard Roller: *Die Beendigung der Kernenergienutzung durch Gesetz*, Nomos Verlagsgesellschaft Bade-Baden, 1998

ふくもと まさお

ジャーナリスト、ライター。ドイツ・ベルリン在住。

1985年から在独。はじめの6年間は東ドイツで生活。

著書に、『ドイツ・低線量被曝から28年　チェルノブイリはおわっていない』、『小さな革命　東ドイツ市民の体験』（いずれも言叢社刊）、『きみたちには、起こってしまったことに責任はない　でもそれが、もう繰り返されないことには責任があるからね「小さな平和」を求めて　ポツダム・トルーマンハウスとヒロシマ・ナガサキ広場の記録』『検証：ドイツはなぜ、脱原発できたのか？』（いずれも電子書籍）、など。

ホームページ：ベルリン@対話工房（https://taiwakobo.de）

原発の町から普通の町に　ドイツはなぜ、脱原発できたのか？

2025年3月1日　初版1刷発行©

著　者　ふくもとまさお

カバーデザイン　井本麻衣

発行者　岡林信一

発行所　あけび書房株式会社

〒167-0054　東京都杉並区松庵3-39-13-103

☎ 03-5888-4142　FAX 03-5888-4448

info@akebishobo.com　https://akebishobo.com

ISBN978-4-87154-276-0　C3031